普通高等教育机械类课程规划教材

U0711214

材料力学基本训练

（第二版）A 册

古 滨 田云德 沈火明 编 著

北京理工大学出版社
BEIJING INSTITUTE OF TECHNOLOGY PRESS

内 容 简 介

本书是根据教育部《高等学校工科本科课程教学基本要求》和教育部工科力学教学指导委员会有关《工科力学课程教学改革的基本要求》编写而成的。全书共 12 章、10 个单元，每章的前面部分是本章的重点、难点、考点、习题分类与解题要点的归纳总结，后面部分是本章的单项选择题、计算题等训练题目。为便于帮助实现分级教学，选择题分为基本型、提高型二档，计算题进行了分类与分级；大部分计算题中的部份参数可根据需要由教师重新给定，避免学生盲目抄袭作业或答案。同时，本书编有适用于多、中、少学时以及考研不同层次的材料力学模拟试题。

本书可作为高等院校工科相关专业材料力学课程的作业用书（可拆分成 A、B 二个独立分册交替使用）和辅导用书，可作为学生考研、竞赛、巩固复习用书，也可作为夜大、电大、职大等学生的参考用书。

图书在版编目（CIP）数据

材料力学基本训练：AB 册/古滨，田云德，沈火明编著. —2 版. —北京：北京理工大学出版社，2023.2 重印

ISBN 978-7-5682-1848-1

Ⅰ. ①材… 　Ⅱ. ①古… ②田… ③沈… 　Ⅲ. ①材料力学－高等学校－习题集　Ⅳ. ①TB301-44

中国版本图书馆 CIP 数据核字（2016）第 019798 号

出 版 发 行 / 北京理工大学出版社有限责任公司
社　　　址 / 北京市海淀区中关村南大街 5 号
邮　　　编 / 100081
电　　　话 /（010）68914775（总编室）
　　　　　　（010）82562903（教材售后服务热线）
　　　　　　（010）68944723（其他图书服务热线）
网　　　址 / http://www.bitpress.com.cn
经　　　销 / 全国各地新华书店
印　　　刷 / 三河市华骏印务包装有限公司
开　　　本 / 787 毫米×1092 毫米　1/16
印　　　张 / 14
字　　　数 / 320 千字
版　　　次 / 2023 年 2 月第 2 版第 5 次印刷
总 定 价 / 29.80 元

责任编辑 / 陆世立
文案编辑 / 赵　轩
责任校对 / 孟祥敬
责任印制 / 马振武

图书出现印装质量问题，请拨打售后服务热线，本社负责调换

前言（第二版序言）

本书第二版保留了原第一版的主要特点，并在近四年使用的基础上，经过全面修正、更新和补充而成的。

本书由古滨、田云德、沈火明编著。第 1～10 章由西华大学古滨编写与修订，第 11 章由西华大学田云德编写与修订、第 12 章西南交通大学沈火明编写与修订，材料力学多、中、少学时的模拟试题由西华大学古滨和成都理工大学郭春华修订，材料力学考研模拟题由西南交通大学龚辉提供。全书由古滨统稿。

本书可与北京理工大学出版社出版的《材料力学》（第二版）、《材料力学实验指导与实验基本训练》（第二版）配套使用。

编 者

2015 年 10 月

前言（第一版序言）

为了适应新世纪课程分级教学的需要和对学生能力培养的要求，我们在总结多年来教学实践的基础上，按照教育部《高等学校工科本科材料力学课程教学基本要求》和教育部工科力学教学指导委员会《面向二十一世纪工科力学课程教学改革的基本要求》，根据当前国内主流教材的基本内容，将材料力学中的基本概念，典型习题中普遍存在的具有代表性、易出错的问题，以客观和主观习题的形式编写了这本《材料力学基本训练》。

本书结合近年来西华大学材料力学精品课程和力学课程省级教改成果与力学实验课程省级教改成果、西南交通大学国家工科基础课程力学教学基地的部分教改成果和成都理工大学力学课程部分教改成果为一体。本书的编写内容及顺序与目前国内出版的各类主流《材料力学》教材基本一致，包括：（绪论、轴向拉压与剪切）、（扭转、平面图形几何性质）、弯曲内力、弯曲应力、弯曲变形、应力状态与强度理论、组合变形、压杆稳定、能量法与超静定、动载荷与交变应力，共 12 章、10 个单元。每章先是本章的重点、难点、考点、习题分类与解题要点的归纳总结，后是本章的选择题、计算题等二类训练题目。同时，本书编有适用于多、中、少学时以及考研不同层次的材料力学模拟试题。

本书的主要特点有：

（1）便于帮助实现分级教学。对各章的重点、难点、考点、习题分类与解题要点的做了归纳总结；将选择题分为基本型、提高型二档。对计算题进行了分类与分级（做了标注说明），以便于教师布置作业、以利于学生形成知识结构体系；全书 10 个单元，前 8 个单元为基本部分内容，后 2 个单元为主要供多学时选用的专题部分内容。同时计算题中的部分参数可根据需要由教师重新给定，避免学生盲目抄袭作业及参考答案。此外，相对于少、中学时有一定难度的基本部分或专题部分内容前标注了"※"，属专题部分内容前标注了"☆"，主要供多、中学时选用。

（2）可增强教与学的互动性。编写形式介于教材、学习指导书和习题集之间，为师与生之间搭建了一个互动桥梁。可达到使学生不仅要看，还要动手练的双重效果。该书可作为作业用书，也可作为课堂讨论、小测验用书。

（3）本书是一本个性化的复习参考资料。学生可直接在本书上完成作业，省去了抄题和其他重复性的工作，利于学生把有限的时间和精力集中在分析问题、解决问题上。本书可拆分成 A、B 二个独立分册使用，并按单元顺序交替提交作业。本书将教与学更紧密地结合在一起，对学生而言它将是一本较完整、能长期保存的个性化的复习参考资料。同时本书附上了材料力学课程教学要求，便于师生把握教与学。

本书可作为高等院校土建、机械、材料、航空航天、水利、动力等工科相关专业材料力学课程的作业用书和辅导用书，可作为学生考研、竞赛、巩固复习用书，也可作为夜大、电大、职大等学生的参考用书。

本书由古滨、沈火明、郭春华等编著。第 1～10 章由西华大学古滨编写，第 11～12 章由西南交通大学沈火明编写，材料力学多、中、少学时的模拟试题由成都理工大学郭春华编写，材料力学考研模拟题由西南交通大学龚辉提供。全书的大部分图表由西华大学江俊松完成。全书由古滨统稿、定稿。

在本书的策划和编写过程中得到了西华大学力学教学部和力学实验中心的老师们的关心和支持，特别是在本书前三次试用过程中胡文绩等老师提出了很多好的建议，在此一并表示衷心感谢。

本书提供给广大教师、学生和其他读者朋友，希望能对你们的教学或学习有所帮助。由于编者水平有限，疏漏和遗误在所难免，恳请批评指正。

编　者

2011 年 5 月

总 目 录

A 册目录

第 1 章　绪　论

[本章重点]

（1）明确材料力学课程的任务和课程的重要性。

材料力学的任务是：在满足强度、刚度及稳定性的要求下，为设计既经济又安全的构件提供必要的理论基础和计算方法。

（2）掌握变形固体、截面法、应力、应变等概念。

（3）区别变形固体与刚体、截面法与节点法、应力与压强、力的可传性和力的等效平移等概念在材料力学与理论力学中的异同。

（4）掌握杆件的四种基本变形的受力特点和变形特点。

[本章难点]

区别变形固体与刚体、截面法与节点法、应力与压强、力的等效平移等概念在材料力学与理论力学中的异同。

[本章考点]

绪论仅展示本课程的总体概貌，介绍一些基本术语和一些初始基本概念。题目一般围绕巩固基本概念展开。

[本章习题分类与解题要点]

本章计算题大致包含以下两类：

（1）用截面法求内力。

（2）求应变（线应变、切应变）。切应变定义为微元体相邻棱边所夹直角的改变量，并注意单位和正负符号规则。

【1-1 类】概念题

[1-1-1] 图示杆件在 B 截面作用力 F 后，试分析各段的变形及位移情况。

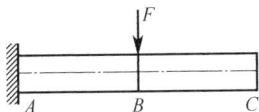

[1-1-2] 指出图示结构中 AB 和 BC 两杆的变形属于何类基本变形？

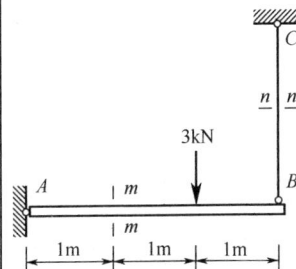

【1-2 类】计算题（用截面法求构件指定截面的内力）

[1-2-1] 已知 F、α、l、a，试求 A 端约束反力，并用**截面法**求图示悬臂梁中 $m-m$ 截面上的内力（可暂用理论力学的符号规则）。

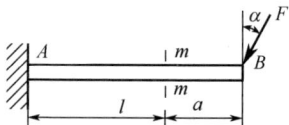

[1-2-2] 试用**截面法**求图示结构 $m-m$ 和 $n-n$ 两截面上的内力（可暂用理论力学的符号规则）。

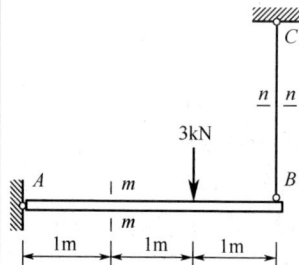

[1-2-3] 在图示简易起重机的横梁 AB 上，力 F 可以左右移动。试用**截面法**求截面 1-1 和 2-2 上的内力及其最大值（可暂用理论力学的符号规则）。

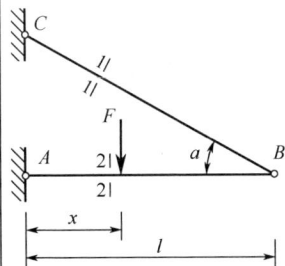

【1-3 类】计算题（求线应变、切应变）

[1-3-1] 图示刚性梁 ABC，A 端为铰支座，B 和 C 点由钢索吊挂，在 H 点的力 F 作用下引起 C 点的铅垂位移为 10mm[或：　　　]。试求钢索 CE 和 BD 的线应变。

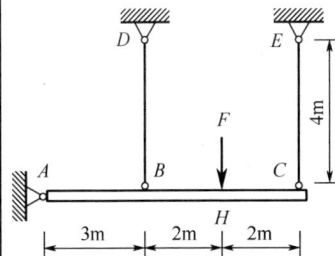

※[1-3-2] 图示矩形薄板未变形前长为 l_1、宽为 l_2，变形后长、宽分别增加了 Δl_1 和 Δl_2。试求沿对角线 AC 的线应变。

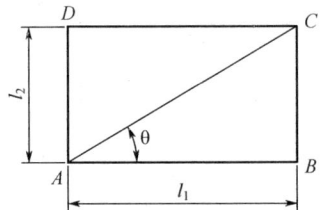

※[1-3-3] 图示四边形平板变形后成为平行四边形（虚线），四边形 AD 边保持不变。试求：（1）沿 AB 边的平均线应变；（2）平板 A 点的切应变。

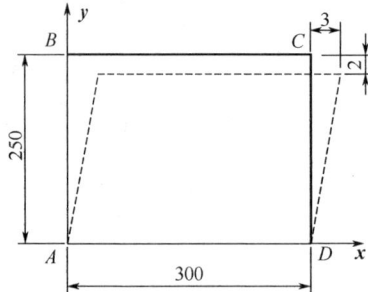

第2章 轴向拉压与剪切

[本章重点]

（1）轴向拉压时横截面正应力推导的分析方法，特别是平面假设，并注意它与后续章节扭转和弯曲中的平面假设的异同进行比较。

（2）强度条件的应用，它是学习全书的基础。

（3）用"以切代弧"方法求节点的位移及求解简单超静定问题。掌握用变形比较法求解超静定问题的三步曲，它是后续章节的简单超静定问题的基础。

（4）重视低碳钢的拉伸、铸铁的拉（压）基本实验的方法及材料的力学性能。

（5）连接件的强度实用计算。

[本章难点]

用"以切代弧"法求节点位移，用此方法求解超静定问题。

[本章考点]

（1）结构的强度计算问题（包括强度校核、截面设计及载荷估计三方面）。

（2）由拉伸（压缩）的变形引起结构某点（或节点）的位移。

（3）拉（压）超静定问题（包括温度应力和装配应力），一般仅涉及一次超静定问题。

（4）低碳钢及铸铁拉压过程中破坏现象的解释、超静定次数的判定、剪切及挤压面积的确定等。

（5）连接件的剪切强度、挤压强度、拉伸强度的实用计算。

[本章习题分类与解题要点]

本章计算题大致包含以下五类：

（1）**求杆件指定截面上的轴力或作轴力图**。其目的是找出危险截面，作轴力图时注意原结构与轴力图的对应关系，并注意运用突变关系校核轴力图。

（2）**应力的计算**（包括横截面、斜截面上的正应力、切应力）；应用正应力的强度条件进行**强度计算**（强度校核、截面设计及许可载荷估计）。

（3）**求杆件的变形或杆系结构指定节点的位移**（掌握"以切代弧"的位移图解法，或用功能原理求位移，但其受唯一外载和沿载荷作用线方向位移的限制）。

（4）**求解简单超静定杆系结构**（包括装配应力和温度应力）。首先是判断结构是否为超静定以及超静定次数，其次是依照解超静定结构的三步曲（写出独立静力平衡方程，变形协调找出几何关系，胡克定律写出力与变形的物理关系）找出补充方程，并联立求解。

（5）**剪切和挤压的实用计算**。关键在于正确识别剪切面和挤压面，其次对连接件和被连接件剪切、挤压及拉伸强度的全面分析。

【2-1类】选择题（一）

（1）在下列关于轴向拉压杆的轴力的说法中，_____是错误的。

【A】拉压杆的内力只有轴力；

【B】轴力的作用线与杆轴线重合；

【C】轴力是沿杆轴线作用的外力；

【D】轴力与杆的横截面和材料无关。

（2）在下列杆件中，图_____所示杆是轴向拉伸杆。

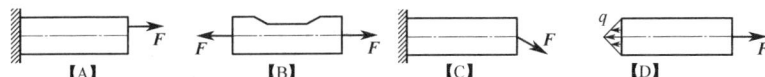

（3）轴向拉压杆横截面上的正应力公式 $\sigma = F_N / A$ 的主要应用条件是_____。

【A】应力在比例极限以内；

【B】杆件必须为实心截面直杆；

【C】外力的合力作用线必须与杆轴线重合；

【D】轴力沿杆轴为常数。

（4）图示拉杆承受轴向拉力 F 的作用。设斜截面 $m-m$ 的面积为

【注】：书中凡标"※"为相对于少、中学时有一定难度的基本部分或专题部分内容；书中凡标"☆"属专题部分内容，主要供多、中学时选用。

A，则 $\sigma = F/A$ 为_____。

【A】横截面上的正应力；　　　【B】斜截面上的切应力；

【C】斜截面上的正应力；　　　【D】斜截面上的全应力。

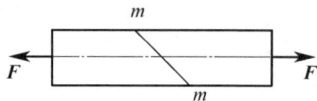

（5）应力-应变曲线的纵、横坐标分别为 $\sigma = F/A$、$\varepsilon = \Delta l/l$，式中_____。

【A】A 和 l 均为初始值；

【B】A 和 l 均为瞬时值；

【C】A 为初始值，l 为瞬时值；

【D】A 为瞬时值，l 为初始值。

（6）进入屈服阶段以后，材料发生_____变形。

【A】弹性；　　　　　　　　　【B】线弹性；

【C】弹塑性；　　　　　　　　【D】塑性。

（7）铸铁的强度指标为_____。

【A】σ_s；　　　　　　　　　　【B】σ_s 和 σ_b；

【C】σ_b；　　　　　　　　　　【D】σ_p、σ_s 和 σ_b。

（8）钢材经过冷作硬化处理后，其_____基本不变。

【A】比例极限；　　　　　　　【B】弹性模量；

【C】断后伸长率；　　　　　　【D】断面收缩率。

（9）对于没有明显屈服阶段的塑性材料，通常以产生_____所对应的应力作为名义屈服极限，并记为 $\sigma_{0.2}$。

【A】0.2 的应变值；　　　　　【B】0.2 的塑性应变；

【C】0.2%的应变值；　　　　　【D】0.2%的塑性应变。

（10）试件进入屈服阶段后，表面会沿_____出现滑移线。

【A】横截面；　　　　　　　　【B】纵截面；

【C】τ_{max} 所在面；　　　　　【D】σ_{max} 所在面。

（11）不同材料的三根杆的横截面面积及长度均相等，其材料的应力-应变曲线分别如图所示。其中强度最高、刚度最大、塑性最好的杆分别是_____。

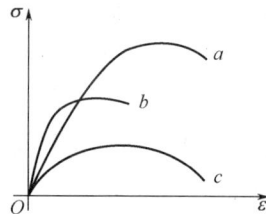

【A】a, b, c；　　　　　　　　【B】b, c, a；

【C】c, b, a；　　　　　　　　【D】b, a, c。

（12）铸铁的许用应力与杆件的_____有关。

【A】横截面形状；　　　　　　【B】受力状态；

【C】横截面尺寸；　　　　　　【D】载荷大小。

（13）设计构件时，从强度方面考虑应使得_____。

【A】工作应力≤许用应力；　　【B】工作应力≤极限应力；

【C】极限应力≤工作应力；　　【D】极限应力≤许用应力。

（14）在线弹性范围内，材料在拉伸和压缩变形过程中，其弹性常数_____。

【A】E 相同，μ 不同；　　　【B】E、μ 都相同；

【C】E 不同，μ 相同；　　　【D】E、μ 都不同。

（15）伸长率（延伸率）公式 $\delta = (l_1 - l)/l \times 100\%$ 中 l_1 指的是_____。

【A】断裂时试件的长度；　　　【B】断裂后试件的长度；

【C】断裂时试验段的长度；　　【D】断裂后试验段的长度。

※【2-1 类】选择题（二）

（1）一均匀拉伸的板条如图所示。若受力前在其表面同时画上两个正方形 a 和 b，则受力后正方形 a 和 b 分别为_____。

【A】正方形、正方形；　　　　　　　【B】矩形、菱形；

【C】正方形、菱形；　　　　　　　　【D】矩形、正方形。

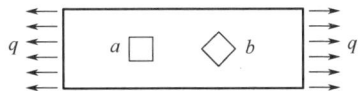

（2）图示一端固定的等截面平板，右端截面上有均匀拉应力 σ，受载前在其表面画斜直线 AB，试问受载后斜直线 $A'B'$ 与 AB 保持＿＿＿＿。

【A】平行；　　　　【B】不平行；　　　【C】不能确定。

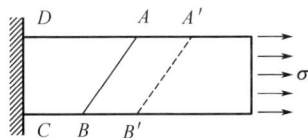

（3）图示桁架中杆 1 和杆 2 为铝杆，杆 3 为钢杆。欲使杆 3 轴力增大，正确的做法是＿＿＿＿。

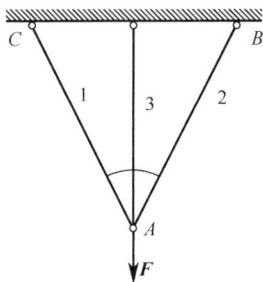

【A】增大杆 1 和杆 2 的横截面面积；

【B】减小杆 1 和杆 2 的横截面面积；

【C】将杆 1 和杆 2 改为钢杆；

【D】将杆 3 改为铝杆。

（4）已知直杆拉压刚度为 EA，约束和受力如图所示。在力 F 作用下，截面 C 的位移为＿＿＿＿。

【A】$\dfrac{Fl}{EA}$；　　【B】$\dfrac{2Fl}{EA}$；　　【C】$\dfrac{Fl}{2EA}$；　【D】$\dfrac{Fl}{4EA}$。

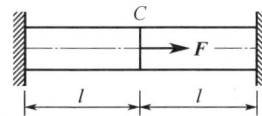

【2-2 类】计算题（求杆件指定截面的轴力或画轴力图）

[2-2-1] 试求图示各杆上 1-1、2-2、3-3 截面上的轴力，并画轴力图。

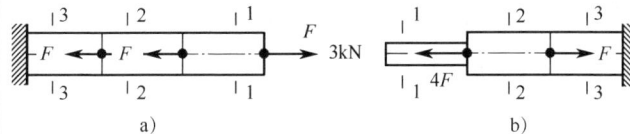

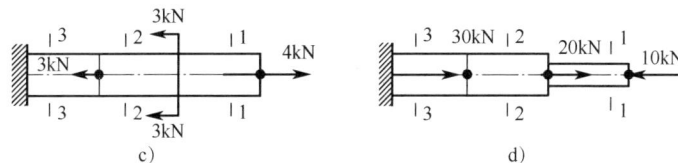

a)

b)

c)

d)

※[2-2-2] 一等直杆的横截面面积为 A，材料的密度为 ρ，受力如图所示。若 $F=10\rho gaA$，试考虑杆的**自重**时绘出杆的轴力图。

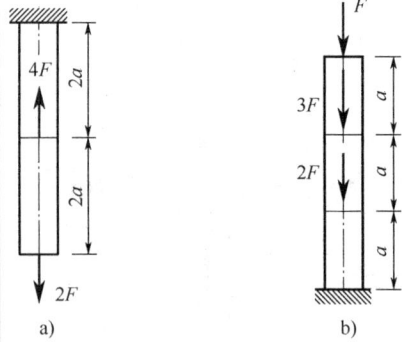

a)　　　　　b)

【2-3 类】计算题（应力计算、强度计算）

[2-3-1] 试求图示中部对称开槽直杆的 1-1、2-2 横截面上的正应力。

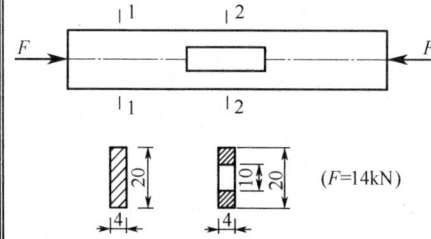

(F=14kN)

[2-3-2] 图示拉杆承受轴向拉力 $F = 10\text{kN}$，杆的横截面面积 $A = 100\text{mm}^2$。如以 α 表示斜截面与横截面的夹角；试求当 $\alpha = 0°, 45°, 90°$ [或：　　　] 时各斜截面上的正应力和切应力。

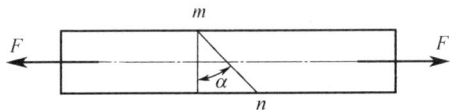

※[2-3-3] 图示拉杆沿斜截面 $m-n$ 由两部分胶合而成。设在胶合面上许用拉应力 $[\sigma] = 100\text{MPa}$ [或：　　　]，许用切应力 $[\tau] = 50\text{MPa}$，并设杆件的强度由胶合面控制。试问为使杆件承受的拉力 F 最大，α 角的值应为多少？若杆件横截面面积为 4cm^2，并规定 $\alpha \leqslant 60°$，试确定许可载荷 F。

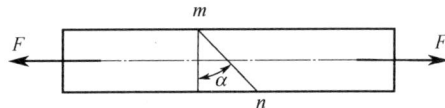

[2-3-4] 在图示支架中，AB 为木杆，BC 为钢杆。木杆 AB 的横截面面积 $A_1 = 100\text{cm}^2$，许用压应力 $[\sigma]_1 = 7\text{MPa}$ [或：　　　]；钢杆 BC 的横截面面积 $A_2 = 6\text{cm}^2$，许用拉应力 $[\sigma]_2 = 160\text{MPa}$。试求许可吊重 F。

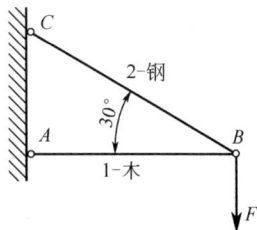

※[2-3-5] 在图示支架中，AC 和 AB 两杆的材料相同，且抗拉和抗压许用应力相等，同为 $[\sigma]$，为使杆系使用的材料最省，试求夹角 θ 的值。

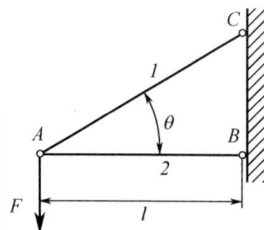

※[2-3-6] 一桁架受力如图所示，各杆均由两根等边角钢组成。已知材料的许用应力 $[\sigma]$＝170MPa [或：   ]，试选择杆 AC 和 CD 的角钢型号。

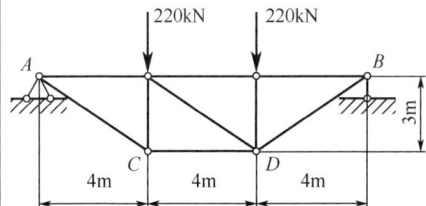

【2-4 类】计算题（求杆件的变形或杆系结构指定节点的位移）

[2-4-1] 图示阶梯形钢杆，材料的弹性模量 E＝200GPa [或：   ]，试求杆横截面上的最大正应力和杆的总伸长。

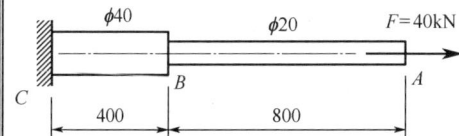

[2-4-2] 图示结构，F、l 及两杆抗拉压刚度 EA 均为已知。试求各杆的轴力及 C 点的垂直位移和水平位移。

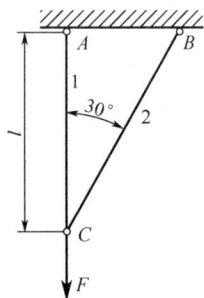

[2-4-3] 如图所示，设 CG 为刚性杆件，BC 为铜杆，DG 为钢杆，两杆的横截面面积分别为 A_1 和 A_2，弹性模量分别为 E_1 和 E_2。若欲使 CG 始终保持水平位置，试求 x。

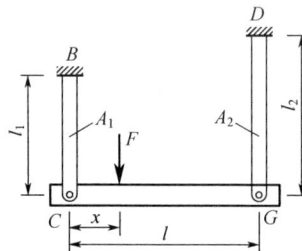

※[2-4-4] 图示支架，AC 杆材料应力-应变为线性关系服从胡克定律，即 $\sigma_{AC} = E\varepsilon$，而 AB 杆材料应力-应变为非线性关系 $\sigma_{AB} = E\sqrt{\varepsilon}$，各杆的横截面面积均为 A。试求 A 点的垂直位移 Δ_{Ay}。

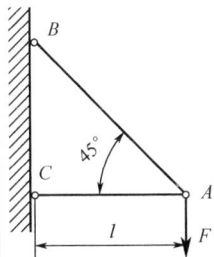

※[2-4-5] 某长度为 300mm [或：　　　]的等截面钢杆承受轴向拉力 $F = 30$kN，已知杆的横截面面积 $A = 2500$mm^2，材料的弹性模量 $E = 210$GPa。试求杆中所积蓄的应变能。

【2-5 类】计算题（求解简单超静定杆系,包括装配、温度应力）

[2-5-1] 试求图示等直杆 AB 各段内的轴力，并作轴力图。

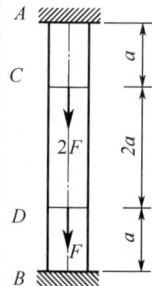

[2-5-2] 在图示结构中，假设 AC 梁为刚杆，杆 1、2、3 的横截面面积相等、材料相同。试求三杆的轴力。

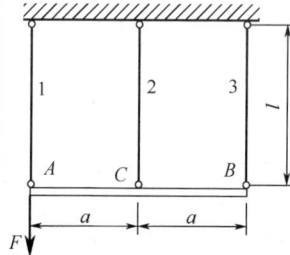

※[2-5-3] 图示支架中的 3 根杆，其材料相同，杆 1 的横截面面积为 200mm^2，杆 2 为 300mm^2，杆 3 为 400mm^2。若 $F=30\text{kN}$ [或：　　　]，试求各杆的轴力和应力。

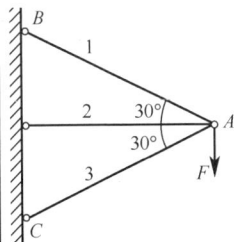

[2-5-4] 刚性杆 AB 的左端铰支，两根长度相等、横截面面积相同的钢杆 CD 和 EG 使该刚性杆处于水平位置，如图所示。如已知 $F=50\text{kN}$，两根钢杆的横截面面积均为 $A=1000\text{mm}^2$ [或：　　　]。试求两杆的轴力和应力。

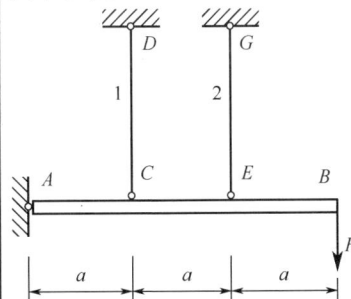

[2-5-5] 图示桁架，已知 3 根杆的抗拉压刚度相同。试求各杆的内力，并求 A 点的水平位移和垂直位移。

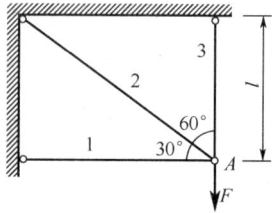

※[2-5-6] 图示阶梯状杆，其上端固定，下端与支座距离 $d=1\mathrm{mm}$。已知上、下两段杆的横截面面积分别为 600mm² 和 300mm²[或：　　]，材料的弹性模量 $E=210\mathrm{GPa}$。试作图示载荷作用下杆的轴力图。

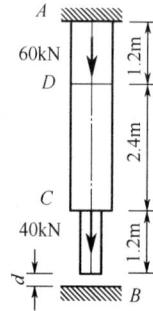

※[2-5-7] 图示刚性杆 *AB* 由 3 根材料相同的钢杆支承，且 $E = 210\text{GPa}$，钢杆的横截面面积均为 2cm^2，其中杆 2 的长度误差 $\Delta = 5 \times 10^{-4} l$ [或：　　]。试求装配好后各杆横截面上的应力。

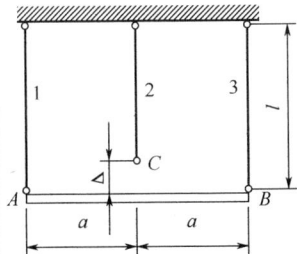

※[2-5-8] 图中杆 *OAB* 可视为不计自重的刚体。*AC* 与 *BD* 两杆材料、尺寸均相同，*A* 为横截面面积，*E* 为弹性模量，α 为线膨胀系数，图中 *a* 及 *l* 均已知。试求当温度均匀升高 $\Delta T℃$ 时，杆 *AC* 和 *BD* 内的温度应力。

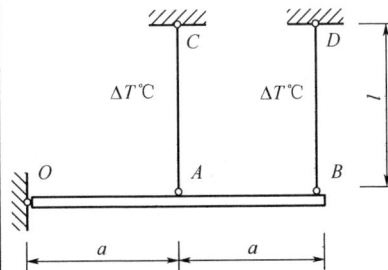

※[2-5-9] 图示杆系的两杆同为钢杆，E=200MPa，$\alpha=12.5\times10^{-6}$ ℃$^{-1}$。两杆的横截面面积同为 A=10cm^2。若 BC 杆的温度降低 20℃[或：　　　]，而 BD 的温度不变，试求两杆应力。

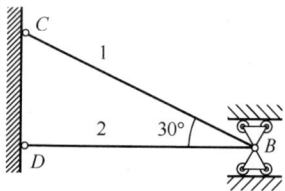

【2-6 类】计算题（剪切和挤压的实用计算）

[2-6-1] 矩形截面木拉杆的接头如图所示。试确定接头处所需的尺寸 l 和 a。已知轴向拉力 $F=50$kN [或：　　　]，截面的宽度 $b=250$mm，木材顺纹的许用挤压应力 $[\sigma_{bs}]=10$MPa，顺纹的许用切应力 $[\tau]=1$MPa。

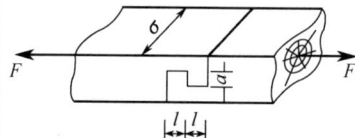

[2-6-2] 如图所示，在桁架的支座部位，斜杆以宽度 $b=60\text{mm}$ 的榫舌和下弦杆连接在一起。已知木材顺纹许用挤压应力 $[\sigma_{bs}]=5\text{MPa}$，顺纹许用切应力 $[\tau]=0.8\text{MPa}$ [或：　　　]，作用在桁架斜杆上的轴向压力 $F=20\text{kN}$。试按强度条件确定榫舌的高度 δ（即榫接的深度）和下弦杆末端的长度 l。

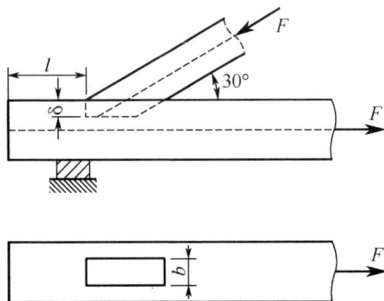

[2-6-3] 图示两块钢板用 4 个铆钉连接在一起，板厚 $\delta=20\text{mm}$，宽度 $b=120\text{mm}$，铆钉直径 $d=26\text{mm}$，钢板的许用拉应力 $[\sigma_t]=160\text{MPa}$，铆钉的许用切应力 $[\tau]=100\text{MPa}$ [或：　　　]，铆钉的许用挤压应力 $[\sigma_{bs}]=280\text{MPa}$，试求此铆钉接头的最大许可拉力。

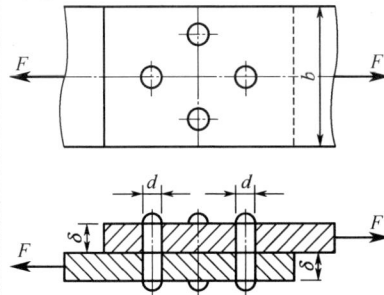

[2-6-4] 图示由两个螺栓连接的接头。试求螺栓所需的直径 d。已知 $F = 40\text{kN}$，螺栓的许用切应力 $[\tau] = 130\text{MPa}$ [或：　　]，许用挤压应力 $[\sigma_{bs}] = 300\text{MPa}$。

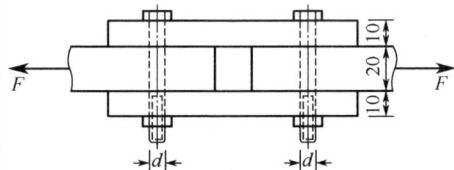

[2-6-5] 正方形截面的混凝土柱，其横截面边长为 200mm，其基底为边长 $a = 1\text{m}$ [或：　　]的正方形混凝土板。柱承受轴向压力 $F = 100\text{kN}$，如图所示。假设地基对混凝土板的支反力为均匀分布，混凝土的许用切应力为 $[\tau] = 1.5\text{MPa}$，试问为使柱不穿过基底板，混凝土板所需的最小厚度 δ 应为多少？

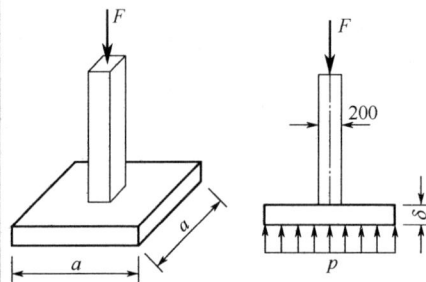

※[2-6-6] 图示凸缘联轴节传递的力偶矩为 $M_e = 200\text{N} \cdot \text{m}$，凸缘之间用 4 根螺栓连接，螺栓内径 $d = 10\text{mm}$ [或：　　　]，对称地分布在直径为 $D_0 = 80\text{mm}$ 的圆周上。如螺栓的剪切许用应力 $[\tau] = 60\text{MPa}$，试校核螺栓的剪切强度。

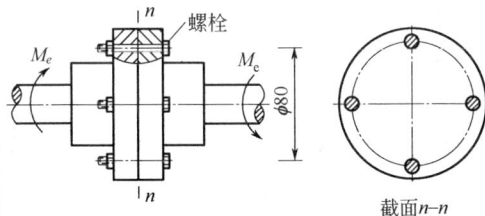

截面 $n-n$

※ [2-6-7] 如图所示机床花键轴有 8 个齿。轴与轮的配合长度 $l = 60\text{mm}$，外力偶矩 $M_e = 4\text{kN} \cdot \text{m}$ [或：　　　]。轮与轴的挤压许用应力为 $[\sigma_{bs}] = 140\text{MPa}$，试校核花键轴的挤压强度。

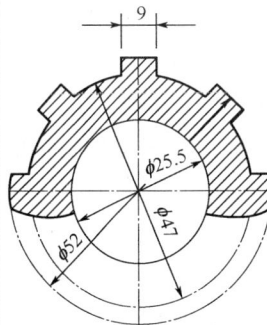

第5章　弯曲内力

[本章重点]

正确地写出内力方程、熟练准确地绘制内力图，它是后续各章（如弯曲应力、弯曲变形、组合变形、能量法及其在超静定问题中的应用）解决梁的强度及刚度问题的十分重要的基础。先由内力方程作内力图；而后在熟悉微分及积分关系，突变关系，凹向规律后，再简捷地作出各内力图。

[本章难点]

刚架内力图的绘制是本章的难点。应用微分及突变关系、正确识别梁的受拉（压）侧是关键；刚架段的分与合是依据力的等效平移，刚架角点（无集中力偶作用）弯矩值的等值同侧的运用。

[本章考点]

（1）作内力图（剪力图、弯矩图），少学时常以简单水平静定梁为主，多中学时还包括含有中间铰的静定连续梁、平面刚架等，偶尔涉及平面曲杆。

（2）考核外载荷、剪力、弯矩三者间的微分关系和突变关系的掌握情况。已知剪力图（弯矩图）推作弯矩图（剪力图）和结构受力图，或判断剪力图、弯矩图的正误。

（3）由弯曲内力图（剪力图、弯矩图）判断 $F_{S\max}$、$M_{\max}$ 所在截面，以确定危险截面。

（4）在后续组合变形中，也涉及画出各内力分量图，综合判断危险截面。

（5）能量法及能量法解超静定问题中，通常也要求熟练准确地写出内力方程或作出内力图。

[本章习题分类与解题要点]

本章计算题大致分为以下四类：

（1）求指定截面上的内力、写内力方程。一般应先求出必要的支座反力，再用截面法或直接法。

（2）**作梁的内力图**。包括写内力方程、描内力图，利用载荷集度、剪力和弯矩间的微分积分关系作内力图，或由受载梁作内力图，或由某一内力图推出载荷图及另一内力图。

（3）**叠加法绘 M 图**。首先要掌握把复杂载荷分解为几个简单载荷的原则，其次是叠加后极值乃至最大值的确定，或用区段叠加法直接绘 M 图。

（4）**刚架和连续梁及曲杆的内力图**。刚架掌握顺时向旋转分段取各段杆轴为 x 轴及刚结点的等值同侧特点，曲杆一般则要列出内力方程，控制面两侧内力及判断极值，并注意规定使曲率增大的弯矩为正，用区段叠加法直接作图。

【5-1 类】选择题（一）

（1）平面弯曲变形的特征是＿＿＿＿＿。

【A】弯曲时横截面仍保持为平面；

【B】弯曲载荷均作用在同一平面内；

【C】弯曲变形后的轴线是一条平面曲线；

【D】弯曲变形后的轴线与载荷作用面同在一个平面内。

（2）在图示四种情况中，截面上弯矩 M 为正，剪力 F_s 为负的是＿＿＿＿＿。

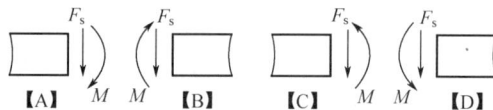

（3）水平梁某截面上的弯矩在数值上，等于该截面＿＿＿＿＿＿的代数和。

【A】以左或以右所有集中力偶；

【B】以左和以右所有集中力偶；

【C】以左和以右所有外力对截面形心的力矩；

【注】：书中凡标"※"为相对于少、中学时有一定难度的基本部分或专题部分内容；书中凡标"☆"属专题部分内容，主要供多、中学时选用。

【D】以左或以右所有外力对截面形心的力矩。

（4）对于水平梁某一指定的截面而言，在它_____的横向外力将产生正的剪力。

【A】左侧向上或右侧向下；　　　【B】左或右侧向上；

【C】左侧向下或右侧向上；　　　【D】左或右侧向下。

（5）对于水平梁某一指定的截面而言，在它_____的横向外力将产生正的弯矩。

【A】左侧向上或右侧向下；　　　【B】左或右侧向上；

【C】左侧向下或右侧向上；　　　【D】左或右侧向下。

（6）在下列说法中，_____是正确的。

【A】当悬臂梁只承受集中力时，梁内无弯矩；

【B】当悬臂梁只承受集中力偶时，梁内无剪力；

【C】当简支梁只承受集中力时，梁内无弯矩；

【D】当简支梁只承受集中力偶时，梁内无剪力。

（7）图示悬臂梁和简支梁的长度相等，它们的_____。

【A】F_s 图相同，M 图不同；　　　【B】F_s 图不同，M 图相同；

【C】F_s、M 图都相同；　　　【D】F_s、M 图都不同。

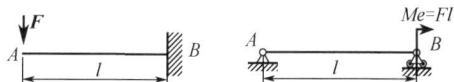

（8）应用理论力学中的外力平移定理，将梁上横向集中力左右平移时，梁的_____。

【A】F_s 图不变，M 图变化；　　　【B】F_s 图变化，M 图不变；

【C】F_s、M 图都变化；　　　【D】F_s、M 图都不变。

（9）将梁上集中力偶左右平移时，梁的_____。

【A】F_s 图不变，M 图变化；　　　【B】F_s、M 图都不变；

【C】F_s 图变化、M 图不变；　　　【D】F_s、M 图都变化。

（10）梁在集中力作用的截面处，_____。

【A】F_s 图有突变，M 图光滑连续；

【B】M 图有突变，F_s 图光滑连续；

【C】F_s 图有突变，M 图连续但不光滑；

【D】M 图有突变，F_s 图连续但不光滑。

（11）梁在集中力偶作用截面处，_____。

【A】F_s 图有突变，M 图无变化；

【B】M 图有突变，F_s 图有折角；

【C】M 图有突变，F_s 图无变化；

【D】M 图有突变，F_s 图有折角。

（12）在连续梁的中间铰处，若既无集中力，又无集中力偶作用，则在该处梁的_____。

【A】剪力图连续，弯矩图连续但不光滑；

【B】剪力图不连续，弯矩图连续但不光滑；

【C】剪力图连续，弯矩图光滑连续；

【D】剪力图不连续，弯矩图光滑连续。

（13）用叠加法求弯曲内力的必要条件是_____。

【A】线弹性材料；

【B】小变形；

【C】线弹性材料且小变形；

【D】小变形且受弯杆件为直杆。

（14）用叠加法_____。

【A】只能作 M 图，不能作 F_s 图；

【B】只能作 F_s 图，不能作 M 图；

【C】只能作弯曲内力图，不能作其他内力图；

【D】可以作各种内力图。

※【5-1 类】选择题（二）

（1）在图中若将 F 力传递到梁的 C 截面上，则梁上的 $|M_{max}|$ 与 $|F_{smax}|$ _____。

【A】前者不变，后者改变；　　【B】前者改变，后者不变；

【C】两者都改变；　　　　　　【D】两者都不变。

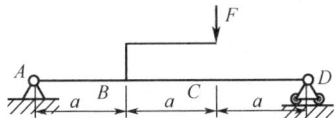

（2）一带有中间铰的静定连续梁及其载荷如图所示，要列出全梁的剪力方程、弯矩方程，至少应分_____。

【A】两段（AC 段、CE 段）；

【B】三段（AC 段、CD 段、DE 段）；

【C】三段（AB 段、BD 段、DE 段）；

【D】四段（AB 段、BC 段、CD 段、DE 段）。

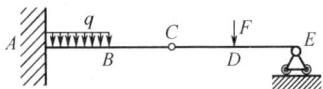

（3）具有中间铰的连续梁 ACB：在图示两种受力状态下，它们的_____。

【A】F_s 图相同，M 图不同；　　【B】F_s 图、M 图都相同；

【C】F_s 图不同，M 图相同；　　【D】F_s 图、M 图都不同。

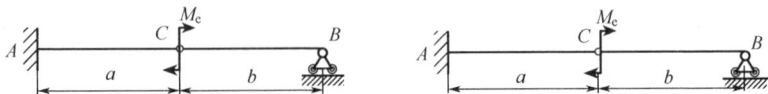

（4）简支梁上作用均布载荷 q 和集中力偶 M_e，当 M_e 在梁上任意移动时，梁的_____。

【A】F_s 图、M 图都变化；　　【B】F_s 图不变，M 图变化；

【C】F_s 图、M 图都不变；　　【D】F_s 图变化，M 图不变。

（5）若对称梁的受力情况对称于中央截面，则该梁的_____。

【A】M 图对称，F_s 图反对称；

【B】M 图反对称，F_s 图对称；

【C】M 图、F_s 图均是对称的；

【D】M 图、F_s 图均是反对称的。

（6）若对称梁的受力情况对称于中央截面，则中央截面上的_____。

【A】剪力为零，弯矩不为零；

【B】剪力不为零，弯矩为零；

【C】剪力和弯矩均为零；

【D】剪力和弯矩均不为零。

（7）若对称梁的受力情况关于中央截面反对称，则该梁的_____。

【A】F_s 图对称，M 图反对称；

【B】F_s 图反对称，M 图对称；

【C】F_s 图、M 图均是对称的；

【D】F_s 图、M 图均是反对称的。

（8）若对称梁的受力情况关于中央截面反对称，则在中央截面上_____。

【A】剪力为零，弯矩不为零；

【B】剪力不为零，弯矩为零；

【C】剪力和弯矩均为零；

【D】剪力和弯矩均不为零。

（9）某梁 ABC 的弯矩图如图所示，AB′ 段为直线；B′C 段为二次抛物线，且 B′ 点处光滑连续，该梁在截面 B 处_____。

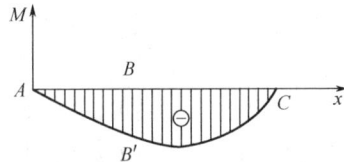

【A】有集中力，无集中力偶；

【B】有集中力偶，无集中力；

【C】既有集中力，又有集中力偶；

【D】既无集中力，也无集中力偶。

【5-2 类】计算题（求指定截面上的内力或写内力方程）

[5-2-1] 试求图示各梁中指定截面上的剪力和弯矩。

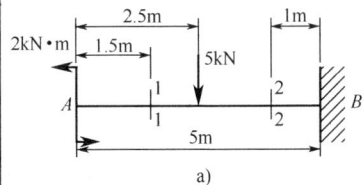

a)

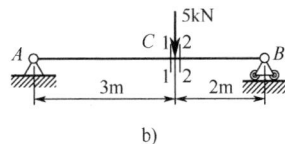

b)

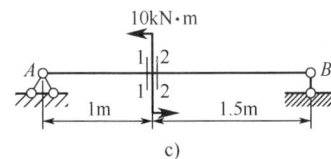

c)

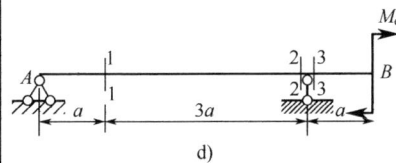

d)

[5-2-2] 试写出下列各梁的剪力方程和弯矩方程。

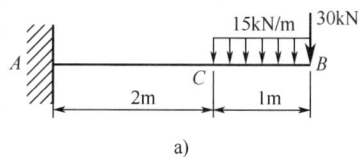

a)

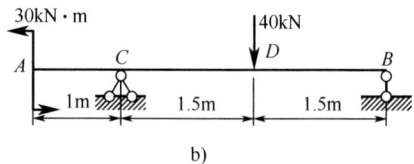

b)

【5-3 类】计算题（写内力方程或利用微积分关系绘内力图）

[5-3-1] 试写内力方程，绘制下列各梁的剪力图和弯矩图。

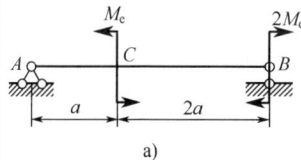

a)

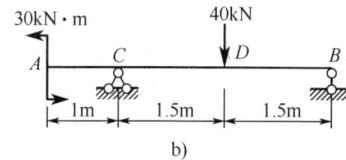

b)

[5-3-2] 通过载荷集度、剪力和弯矩间的微积分关系作图示外伸梁的剪力图和弯矩图。

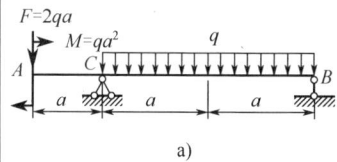

a)

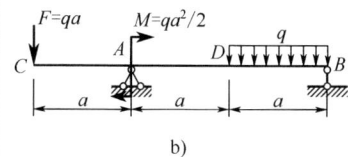

b)

[5-3-3] 简支梁剪力图如图所示，求梁受载情况，并作弯矩图。

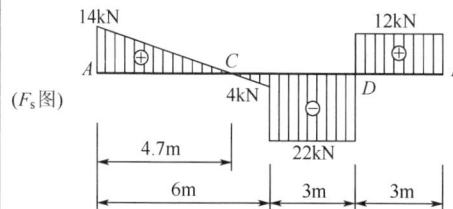

(F_s图)

※[5-3-4] 已知静定梁的弯矩图如图所示，试绘出该梁的剪力图、载荷图与可能的支座图。

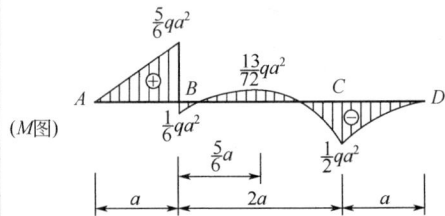

【5-4 类】计算题（用叠加法、简捷方法绘制内力图）

[5-4-1] 试用**叠加法**作图示各梁的弯矩图。

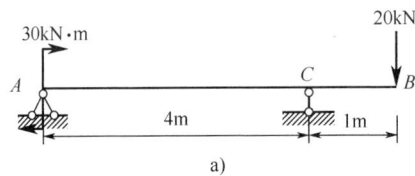

a)

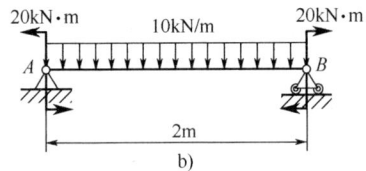

b)

[5-4-2] 用简捷方法作图示外伸梁的剪力图、弯矩图。

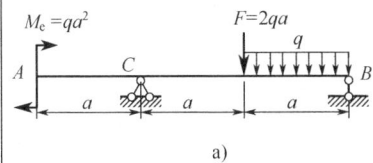
a)

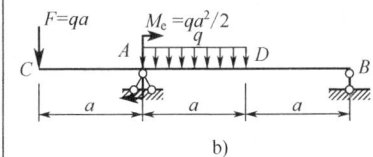
b)

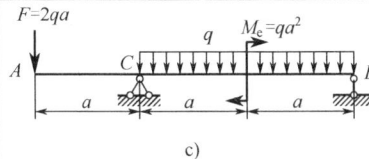
c)

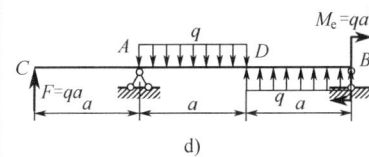
d)

[5-4-3] **用简捷方法**作图示梁的剪力图和弯矩图，并求出其 F_{smax} 和 M_{max} 。

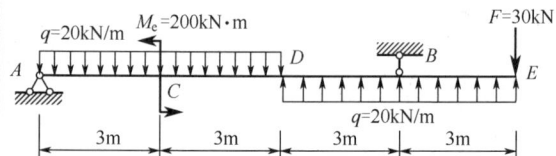

※【5-5 类】**计算题**（绘制刚架、连续梁的内力图）

[5-5-1] 试作图示刚架的轴力图、剪力图和弯矩图。

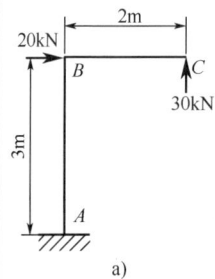

a)

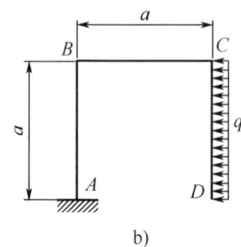

b)

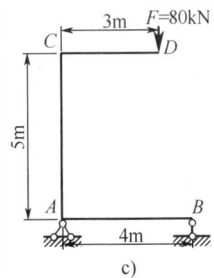

c)

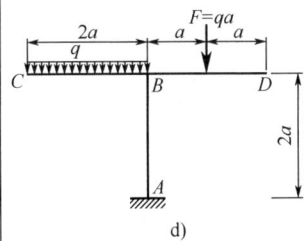

d)

[5-5-2] 试作下列具有中间铰的连续梁的剪力图和弯矩图。

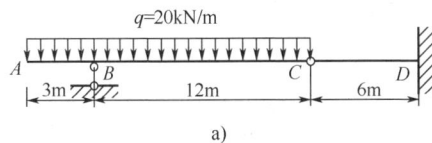

a)

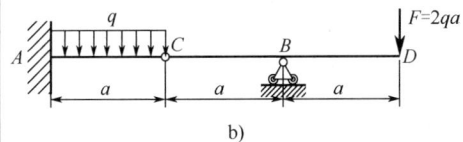

b)

第7章　弯曲变形

[本章重点]

（1）熟练写出梁的弯矩方程 $M(x)$，建立梁的挠曲线近似微分方程，应用积分法求得梁的转角方程 $\theta(x)$ 和挠曲线方程 $\omega(x)$，进而确定特定截面的转角和挠度以及梁中最大转角和挠度，或进行梁的刚度校核。

（2）熟练运用叠加法或分段刚化法，确定给定截面的转角和挠度。

（3）用变形比较法解简单超静定问题。对于不学习能量法的少学时专业尤为重要，问题的关键是确定变形协调条件，确定出特定截面的位移，从而解出多余约束反力或多余内力。

[本章难点]

（1）应用积分法，合理分段、积分常数的确定是关键，主要是边界条件（包括固定支承和弹性支承）及光滑连续条件的应用，对于多控制面将涉及多个积分常数。

（2）叠加法中"分"与"叠"的技巧。"分"要受力和变形等效，分后变形已知或易查表。"叠"要将矢量标量化，求其代数和。特别是刚体位移部分的叠加要全面，不可漏掉，叠加要注意正负号（包括机电类与与土建类规定的区别）。

（3）简单超静定问题的关键是相当系统（静定基）与原结构的比较，写出变形协调条件，则问题转化为求指定截面的位移一般性问题。

[本章考点]

（1）挠曲线的近似微分方程及指定截面位移的确定。

（2）熟悉积分法的应用。

（3）应用熟记结果对一些较复杂的梁的变形进行叠加计算。

（4）用变形比较法解简单超静定结构。对于一些特定截面的位移会用叠加法求解，应熟记简单静定梁在简单载荷单独作用下的最大挠度与最大转角（5～7 种），以方便叠加法的运用。求较复杂结构的变

形位移问题将涉及后续的能量法。

[本章习题分类与解题要点]

本章计算题大致分为三类：

（1）用积分法求梁的转角方程和挠曲线方程，并求出给定截面或最大的转角和挠度。关键是正确分段并写出各段的弯矩方程，其次正确应用边界条件及光滑连续条件确定积分常数。

（2）用叠加法求指定截面的转角和挠度。应合理简捷地把多种载荷"分"为已知或有表可查的简单载荷。"叠"为几种载荷同时作用下某一截面的挠度、转角应当等于每种载荷单独作用下同一截面挠度、转角的总和（代数和）。或求最大变形（挠度、转角）进行刚度校核。

（3）变形比较法解简单超静定问题。应首先判断结构是否为超静定并确定超静定次数，建立相当系统（静定基）时，保证相当系统与原结构二者的受力和变形保持相当的前提下建立变形协调方程。

【7-1 类】选择题

（1）梁的挠度是_____。

【A】横截面形心的位移；

【B】横截面形心沿梁轴垂直方向的线位移；

【C】横截面形心沿梁轴方向的线位移；

【D】横截面上任一点沿梁轴垂直方向的线位移。

（2）在下列关于梁的转角的说法中，_____是错误的。

【A】转角是横截面绕中性轴转过的角位移；

【B】转角是变形前后同一横截面间的夹角；

【C】转角是挠曲线的切线与轴向坐标轴间的夹角；

【D】转角是横截面绕梁轴线转过的角度。

（3）梁挠曲线近似微分程在_____条件下成立。

【A】梁的变形属小变形；　【B】挠曲线在 Oxy 面内；

【C】材料服从胡克定律；　【D】同时满足【A】【B】【C】。

（4）挠曲线近似微分方程不能用于计算_____的位移。

【注】：书中凡标"※"为相对于少、中学时有一定难度的基本部分或专题部分内容；书中凡标"☆"属专题部分内容，主要供多、中学时选用。

【A】变截面直梁；　　　　【B】等截面曲梁；

【C】静不定直梁；　　　　【D】薄壁截面等直梁。

（5）等截面直梁在弯曲变形时，挠曲线曲率在最大_____处一定最大。

【A】挠度；　　　　　　　【B】转角；

【C】剪力；　　　　　　　【D】弯矩。

（6）用积分法求图示简支梁挠曲线方程时，确定积分常数的条件有以下几组，其中_____是错误的。

【A】$w(0)=0, w(l)=0$；　　【B】$w(0)=0, \theta(l/2)=0$；

【C】$w(l)=0, \theta(l/2)=0$；　【D】$w(0)=w(l), \theta(0)=\theta(l)$。

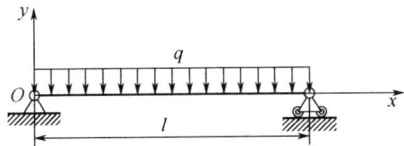

（7）用积分法求图示连续梁的挠曲线方程时，确定积分常数的四个条件，除 $w_A=0$，$\theta_A=0$ 外，另外两个条件是_____。

【A】$w_{C,左}=w_{C,右}$，$\theta_{C,左}=\theta_{C,D右}$；

【B】$w_C=0$，$w_B=0$；

【C】$w_{C,左}=w_{C,右}$，$w_B=0$；

【D】$w_B=0$，$\theta_C=0$。

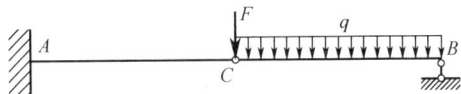

（8）若连续梁的中间铰处无集中力偶作用，则中间铰左、右两侧截面的_____。

【A】挠度相等，转角不等；　【B】挠度和转角都相等；

【C】挠度不等，转角相等；　【D】挠度和转角都不等。

（9）在利用积分法计算梁位移时，待定的积分常数主要反映了_____。

【A】剪力对梁变形的影响；

【B】对近似微分方程误差的修正；

【C】支承情况对梁变形的影响；

【D】梁截面形心的轴向位移对梁变形的影响。

（10）图示悬臂梁，在截面 B、C 上承受两个大小相等、方向相反的力偶作用，其截面 B 的_____。

【A】挠度为零，转角不为零；

【B】挠度不为零，转角为零；

【C】挠度和转角均不为零；

【D】挠度和转角均为零。

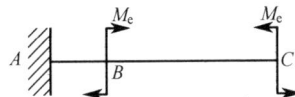

（11）图示悬臂梁，在下面四个关系式中，_____是正确的。

【A】$w_C=\theta_B l/2$；　　【B】$w_C-w_B=\theta_B l/2$；

【C】$w_C=\theta_A \cdot l$；　　【D】$w_C=w_B$。

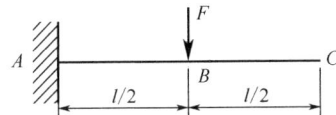

（12）在下面关于梁的弯矩与变形关系的不同说法中，_____是正确的。

【A】弯矩为正的截面转角为正；

【B】弯矩最大的截面挠度最大；

【C】弯矩突变的截面转角也有突变；

【D】弯矩为零的截面曲率必为零。

（13）在下面关于梁的挠度和转角的讨论中,结论_____是正确的。

【A】挠度最大的截面转角为零；

【B】挠度最大的截面转角最大；

【C】转角为零的截面挠度最大；

【D】挠度的一阶导数等于转角。

【7-2 类】计算题（积分法求挠度、转角）

[7-2-1] 试问：当用积分法求下列各图示梁的弯曲变形时，至少应当分几段？有多少个积分常数？并列出边界条件中相应的约束条件和连续条件。

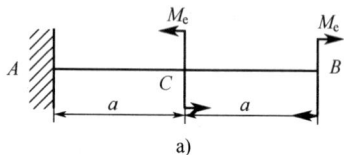

a)

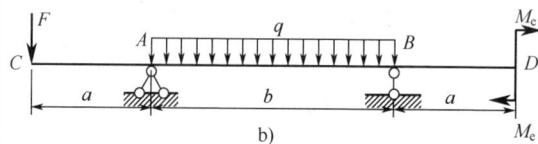

b)

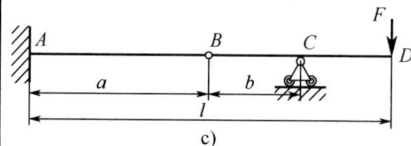

c)

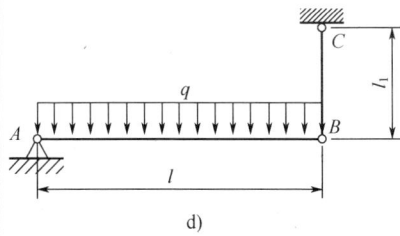

d)

[7-2-3] 试用**积分法**求图示外伸梁挠度 w_A、 w_D 和转角 θ_A、θ_B。

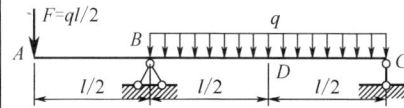

[7-2-2] 试用**积分法**求梁 B 端的挠度 w_B [或：   ]。EI 为已知常量。

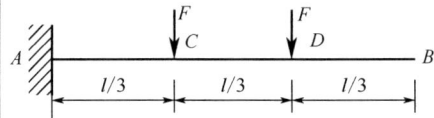

[7-2-4] 图示简支梁的左右支座截面上分别作用有外力偶矩 M_{eA} 和 M_{eB}。若使该梁挠曲线的拐点位于距左端支座 $l/3$ [或：　　　]处，试问 M_{eA} 和 M_{eB} 应保持何种关系？

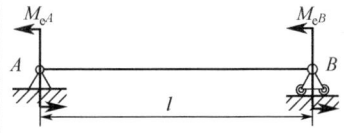

【7-3 类】计算题（叠加法求挠度、转角、位移）

[7-3-1] 用**叠加法**求图示悬臂梁与简支梁指定截面的挠度和转角；EI 为已知常量。

（a）求梁 B 端的挠度 w_B [或：　　　]。

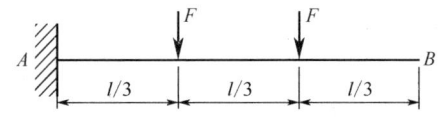

（b）求梁 A 端的挠度 w_A [或：　　　]。

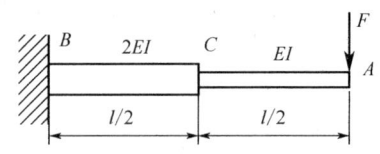

（c）求 C 截面的挠度 w_C [或：　　　]和 B 端的转角 θ_B。

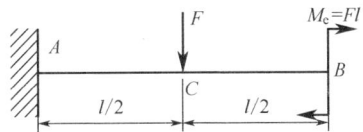

（d）求 A 截面的挠度 w_A 和 B 端的转角 θ_B [或：　　　]。

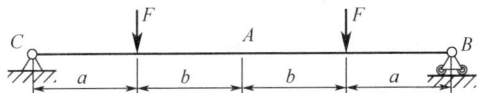

（e）求 C 截面的挠度 w_C 和 A 端的转角 θ_A [或：　　　]。

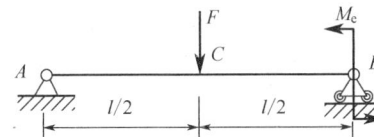

※[7-3-2] 试用**叠加法**求图示**外伸梁**指定截面的挠度和转角。设梁的抗弯刚度 EI 为已知常数。

（a）求 C 端的挠度 w_C 和转角 θ_C [或：　　　]。

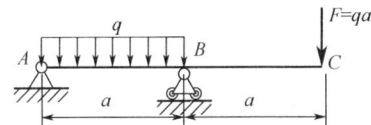

（b）求 A 端的挠度 w_A[或：　　]和转角 θ_A。

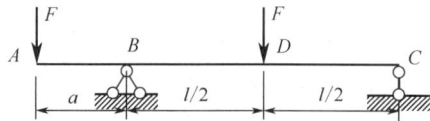

（d）求 A 端的挠度 w_A 和转角 θ_A[或：　　]。

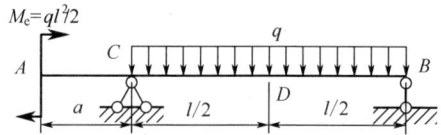

（c）求 A 端的挠度 w_A[或：　　]和转角 θ_A。

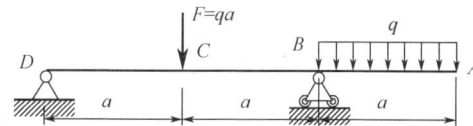

（e）求 A 端的挠度 w_A 和转角 θ_A[或：　　]。

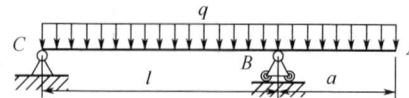

※[7-3-3] 求图示梁 B 处的挠度 w_B[或：   ]。

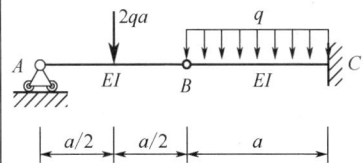

※[7-3-4] 试按**叠加原理**求图示平面刚架自由端截面 C 的铅垂位移和水平位移[或：   ]。已知杆各段的横截面面积均为 A，弯曲刚度均为 EI。

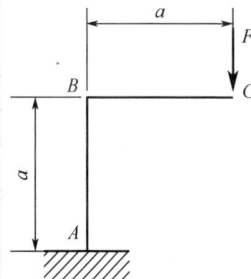

※[7-3-5] 图示正方形截面木梁的右端由钢拉杆支承。已知截面边长为 200mm，q=40kN/m[或：　　　]，E=10GPa；钢拉杆的横截面面积 A_1=250mm^2，E_1=210GPa。试求拉杆的伸长 Δl 及梁 AB 中点 D 沿铅垂方向的位移 δ_{Dy}。

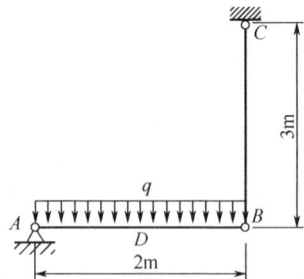

【7-4 类】计算题（用变形比较法解简单超静定问题）

[7-4-1] 试求图示超静定梁的支反力。

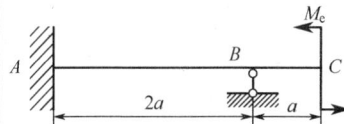

[7-4-2] 图示结构中 1、2 两杆的抗拉刚度同为 EA[或：　　　]。（1）若将横梁 AB 视为刚体，试求杆 1 和杆 2 的内力。（2）若考虑横梁的变形，且抗弯刚度为 EI，试求 1 和 2 两杆的内力。

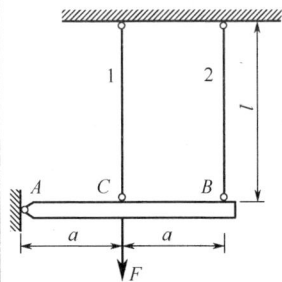

[7-4-3] 图示悬臂梁的抗弯刚度 $EI = 30 \times 10^2 \, \text{N} \cdot \text{m}^2$。弹簧的刚度常数为 $k = 175 \times 10^3 \, \text{N/m}$。若梁与弹簧间的空隙为 $\delta = 1.25\text{mm}$ [或：　　　]，当集中力 $F = 450\text{N}$ 作用于梁的自由端时，试问弹簧将分担多大的力？

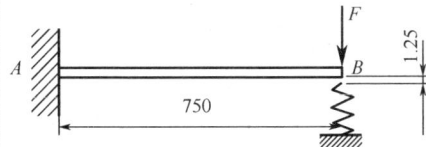

※[7-4-4] 图示结构，求 *A* 端的约束反力和 *BC* 杆的内力。已知：$E = 200\text{GPa}, I = 25 \times 10^6 \text{mm}^4, A = 4 \times 10^3 \text{mm}^2, l = 2\text{m}, q = 300\text{N/m}$ [或：　　]。

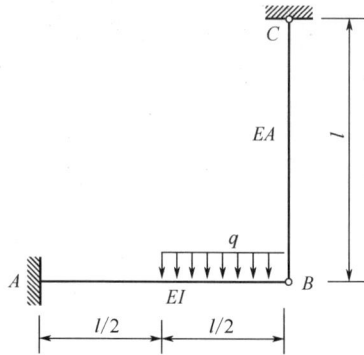

※[7-4-5] 图示悬臂梁 *AB* 和简支梁 *CD* 均用 No.18[或：　　]工字钢制成，*BG* 为圆截面钢杆，其直径 $d = 20\text{mm}$。钢的弹性模量 $E = 200\text{GPa}$。若 $F = 30\text{kN}$，试求简支梁 *CD* 内的最大正应力和 *G* 点的挠度。

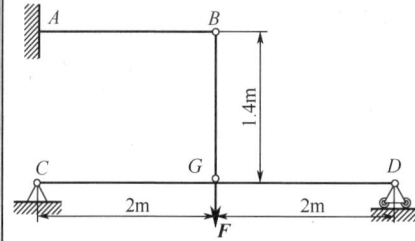

第9章　组合变形

[本章重点]

明确叠加原理的应用条件，杆件在拉（压）弯组合、弯扭组合变形下的强度计算。

[本章难点]

（1）将组合变形分解为若干基本变形。所涉及方法有：载荷分解法、截面法和内力分解法。

（2）确定危险面、危险点。因组合变形的构件各内力分量不一定在同一截面上达到最大值，所以对内力较大、截面较小的截面都应该列为可能的危险面并进行试算。可能的危险点应是可能的危险截面上产生最大应力的点。注意在较复杂的组合变形下杆件的危险截面、危险点常常不止一个。并注意在组合变形中，一般情况下不计由剪力引起的剪应力，但要计由扭矩引起的剪应力。

[本章考点]

组合变形下杆件的强度分析常常是必考内容。主要涉及杆件拉（压）弯组合变形（含偏心拉压）的强度分析、弯扭组合变形的强度分析；也可能是其他基本变形组合情况下的强度分析。

[本章的习题分类与解题要点]

本章计算题大致可分为四类：

（1）**拉（压）弯的组合变形**。应先画出杆件的轴力图和弯矩图，确定其危险截面，然后分别计算轴力和弯矩对应的正应力，并分别画出两类内力所对应的正应力分布图，再将其正应力叠加即可确定出危险点的位置。而此类组合变形的危险点均为单向应力状态，故可直接利用强度条件进行强度计算。

（2）**偏心拉压组合变形**。其本质为拉（压）弯的组合，常要求确定截面核心（在土木工程中）。

（3）**圆截面轴的弯扭组合**。先画出轴的受力简图，并根据受力图

画出轴的扭矩、弯矩图（对两个平面弯曲要计算合成弯矩），确定出危险截面。这类轴常用塑性材料，可直接用扭矩和弯矩（合成弯矩）所表示的第三或第四强度理论进行强度计算。

（4）**斜弯曲及其他形式的组合变形**。矩形截面杆弯弯组合变形的，可先分析横截面上的内力，判断杆件受到哪几种基本变形。叠加危险面上各基本变形对应的应力。若危险点处于单向应力状态或纯剪应力状态，则可分别直接用正应力和切应力表示强度条件进行强度计算；若危险点处于平面或空间的复杂应力状态，则还需计算三个主应力，并以此选择合适的强度条件或理论进行计算。

【9-1类】选择题（一）

（1）计算组合变形构件应力和变形的通常过程是：先分别计算每种基本变形各自引起的应力和变形，然后再叠加这些应力和变形。叠加的前提条件是构件必须为＿＿＿＿。

【A】线弹性杆件；

【B】小变形杆件；

【C】线弹性、小变形杆件；

【D】线弹性、小变形直杆。

（2）在图示刚架中，＿＿＿＿段发生拉弯组合变形。

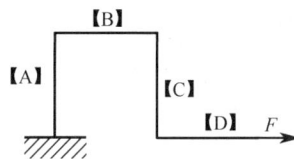

（3）在下列关于实心截面梁斜弯曲中性轴的结论中，＿＿＿＿是错误的。

【A】中性轴上正应力必为零；

【B】中性轴必过横截面的形心；

【C】中性轴必垂直于载荷作用面；

【注】：书中凡标"※"为相对于少、中学时有一定难度的基本部分或专题部分内容；书中凡标"☆"属专题部分内容，主要供多、中学时选用。

【D】中性轴不垂直于载荷作用面。

（4）斜弯曲梁横截面上中性轴的位置与_____有关。

【A】横截面形状和载荷大小；　　【B】横截面形状和载荷方向；

【C】载荷的大小和方向；　　　　【D】载荷作用点和大小。

（5）分析任意实心截面形状杆件的斜弯曲时，载荷分解方向应当是一对_____。

【A】任意的正交坐标轴；

【B】过形心的正交坐标轴；

【C】过形心的水平与垂直正交坐标轴；

【D】形心主惯性轴。

（6）图示悬臂梁，横截面为正方形。设危险截面上的弯矩为 M_y、M_z，若用 $\sigma = \sqrt{M_y^2 + M_z^2}/W$ 来计算危险点的应力，则式中的 W 应为_____。

【A】$b^3/6$；　　【B】$\sqrt{2}b^3/12$；　　【C】$b^3/3$；　　【D】$\sqrt{2}b^3/6$。

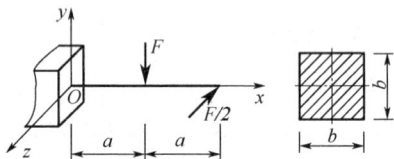

（7）一正方形截面粗短立柱如图 a 所示，若将其底面加宽一倍如图 b 所示，但原厚度不变，则该立柱的整体强度_____。

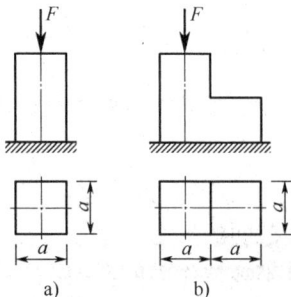

a)　　　　　　b)

【A】提高一倍；　　　　　　　　【B】降低；

【C】提高不到一倍；　　　　　　【D】不变。

（8）图 a 所示平板，上边切了一深度为 $h/5$ 的槽口，若在下边再开一个对称槽口，如图 b 所示，则平板的强度_____。

【A】降低了一半；　　　　　　　【B】降低了不到一半；

【C】不变；　　　　　　　　　　【D】提高了。

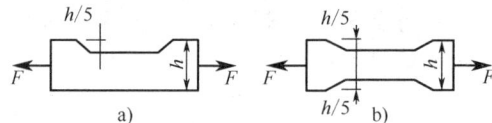

a)　　　　　　b)

（9）在下列有关偏心拉杆的截面核心的结论中，_____是错误的。

【A】当拉力作用于截面核心内部时，杆内只有拉应力；

【B】当拉力作用于截面核心外部时，杆内只有压应力；

【C】当压力作用于截面核心内部时，杆内只有压应力；

【D】当压力作用于截面核心外部时，杆内既有拉应力，又有压应力。

（10）若纵向集中压力作用在截面核心的边缘上时，柱体横截面的中性轴_____。

【A】穿越横截面，但不过形心；　　【B】穿越横截面，且过形心；

【C】与横截面周边相切；　　　　　【D】不在横截面上。

（11）铸铁构件受力如图所示，其危险点 $\sigma_{t\max}$ 的位置是_____。

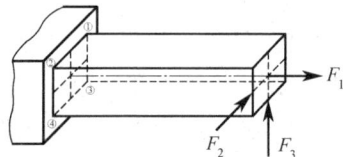

【A】①点；　　【B】②点；　　【C】③点；　　【D】④点。

※【9-1 类】选择题（二）

（1）图示槽形截面梁，C 点为横截面形心。若该梁横力弯曲时外力的作用面为纵向平面 a - a，则该梁的变形状态为_____。

【A】平面弯曲；　　　　　　　【B】平面弯曲+扭转；

【C】斜弯曲；　　　　　　　　【D】斜弯曲+扭转。

（2）工字钢的一端固定，一端自由，自由端受集中力 F 的作用，若梁的横截面和 F 力作用线如图所示，则该梁的变形状态为_____。

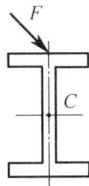

【A】平面弯曲；　　　　　　　【B】平面弯曲+扭转；

【C】斜弯曲；　　　　　　　　【D】斜弯曲+扭转。

（3）图示四种截面形状的梁，若载荷通过形心 O，但不与 y、z 轴重合，其中图_____所示截面梁的最大弯曲正应力 $\sigma_{\max} = \dfrac{M_z}{W_z} + \dfrac{M_y}{W_y}$。

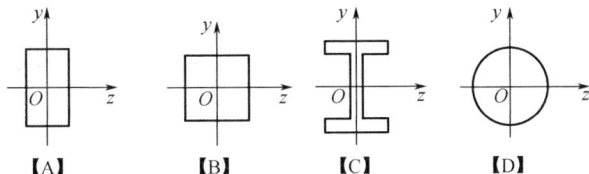

【A】　　　　　【B】　　　　　【C】　　　　　【D】

（4）图示简支斜梁 ACB，在 C 处承受铅垂力 F 的作用，该梁的_____。

【A】AC 段发生弯曲变形，CB 段发生拉弯组合变形；

【B】AC 段发生压弯组合变形，CB 段发生弯曲变形；

【C】AC 段发生压弯组合变形，CB 段发生拉弯组合变形；

【D】AC 段和 CB 段均只发生弯曲变形。

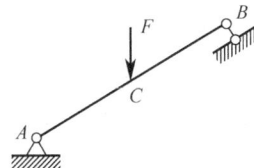

【9-2 类】计算题（拉、压弯的组合变形）

[9-2-1] 图示起重架的最大起吊重量（包括移动小车等）为 $P = 40\text{kN}$，横梁 AB 由两根 No.18 [或：　　　]槽钢组成，材料 Q 235 钢，其许用应力 $[\sigma] = 120\text{MPa}$。试校核横梁的强度。

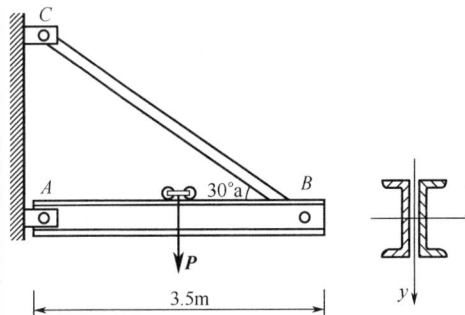

[9-2-2] 材料为灰铸铁 HT15-33 的压力机框架如图所示。其许用拉应力为 $[\sigma_t]=30\text{MPa}$、许用压应力为 $[\sigma_c]=80\text{MPa}$ [或：　　　　]。试校核框架立柱的强度。

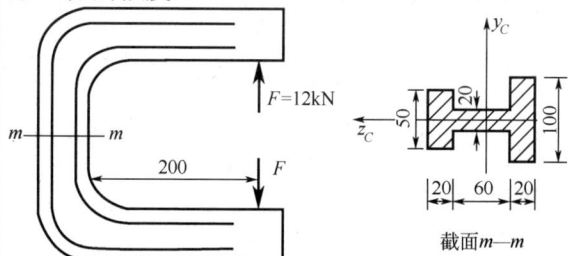

截面 m—m

【9-3 类】计算题（偏心拉、压组合变形）

[9-3-1] 图示材料和受力均相同的两根杆件，试求两杆横截面上最大正应力及其比值。

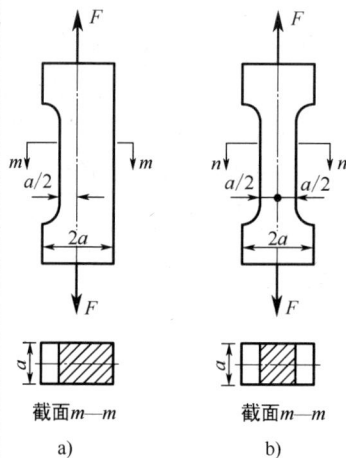

截面 m—m　　　　截面 m—m

a)　　　　b)

[9-3-2] 图示偏心受压立柱。试求该立柱中不出现拉应力时的最大偏心距。

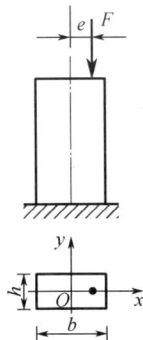

[9-3-3] 具有切槽的正方形木杆，受力如图。求：（1）$m-m$ 截面上的 $\sigma_{t\max}$ 和 $\sigma_{c\max}$；（2）此 $\sigma_{t\max}$ 是截面削弱前的 σ_t 值的几倍？

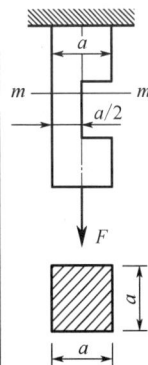

[9-3-4] 图示矩形截面钢杆，用应变片测得杆件上、下表面的轴向正应变分别为 $\varepsilon_a = 1 \times 10^{-3}$ [或：　　　] 和 $\varepsilon_b = 0.4 \times 10^{-3}$，材料的弹性模量 $E = 210\text{GPa}$。

（1）试绘制横截面上的正应力分布图。

（2）求拉力 F 及其偏心距 δ 的数值。

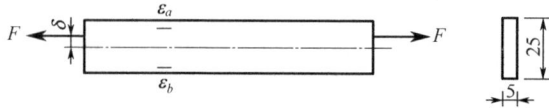

[9-3-5] 平板的尺寸及受力如图，已知 $F = 12\text{kN}$ [或：　　　]，$[\sigma] = 100\text{MPa}$。求切口的允许深度 x（不计应力集中影响）。

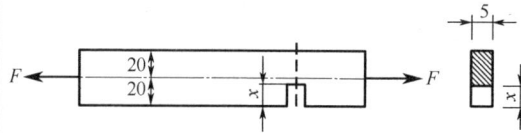

[9-3-6] 偏心拉伸杆，弹性模量为 E，其尺寸、受力如图所示。试求：

（1）最大拉应力和最大压应力并标出相应的位置。

（2）棱边 AB[或：　　]长度的改变量。

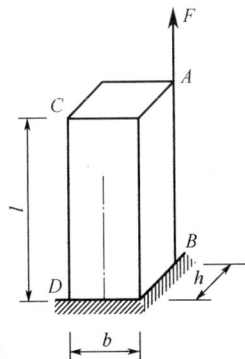

【9-4 类】计算题（圆轴的弯扭组合）

[9-4-1] 图示钢制水平直角曲拐 ABC，A 端固定，C 端挂有钢丝绳，绳长 $s = 2.1\text{m}$，截面面积 $A = 0.1\text{cm}^2$，绳下连接吊盘 D，其上放置重量为 $Q = 100\text{N}$[或：　　]的重物。已知 $a = 40\text{cm}$，$l = 100\text{cm}$，$b = 1.5\text{cm}$，$h = 20\text{cm}$，$d = 4\text{cm}$，钢材的弹性模量 $E = 210\text{GPa}$，$G = 80\text{GPa}$，$[\sigma] = 160\text{MPa}$（直角曲拐、吊盘、钢丝绳的自重均不计）。

试求：（1）用第四强度理论校核直角曲拐中 AB 段的强度。

（2）求曲拐 C 端及钢丝绳 D 端竖直方向位移。

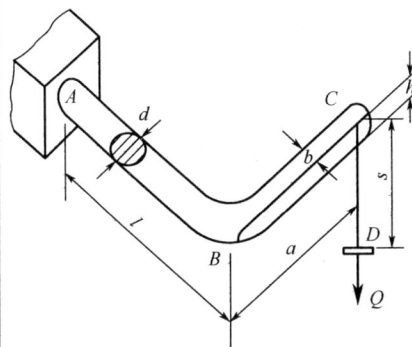

※[9-4-2] 如图所示，传动轴上的两个齿轮分别受到铅垂和水平的切向力 $F_{P1} = 5kN$、$F_{P2} = 10kN$ [或：　　　　]作用，轴承 A、D 处可视为铰支座，轴的许用应力 $[\sigma] = 100MPa$，试按第三强度理论设计轴的直径 d。

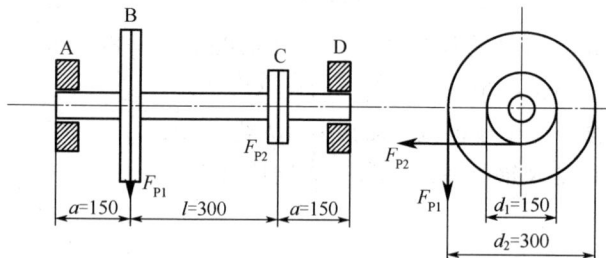

[9-4-3] 图示铁道路标圆信号板，装在外径 $D = 60mm$ 的空心圆柱上，承受的最大风载 $p = 2kN/m^2$ [或：　　　　]，材料的许用应力 $[\sigma] = 60MPa$。试按第三强度准则选择空心圆柱 AB 的厚度 δ。

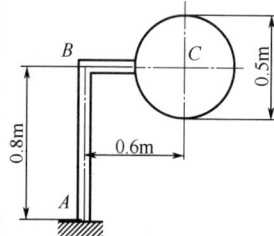

[9-4-4] 钢制圆轴，按第三强度理论校核圆轴的强度。已知：直径 $d = 100$mm, $F = 4.2$kN [或：　　　]，$M_e = 1.5$kN・m,$[\sigma] = 80$MPa。

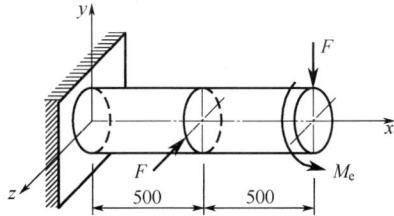

[9-4-5] 直径为 d 的圆截面钢杆处于水平面内，AB 垂直于 CD，铅垂作用力 $F_1 = 2$kN,$F_2 = 6$kN ，如图，已知 $d = 7$cm [或：　　　]，材料 $[\sigma] = 110$MPa。用第三强度理论校核该杆的强度。

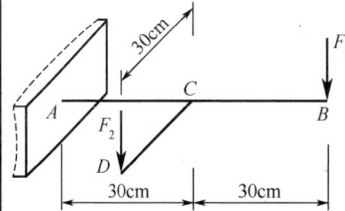

【9-5 类】计算题（斜弯曲及其他形式的组合变形）

[9-5-1] 图示简支梁，已知 $F = 10\text{kN}$ [或：　　]，试确定：（1）危险截面上中性轴的位置；（2）最大正应力。

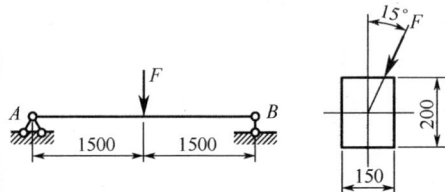

※[9-5-2] 图示矩形截面悬臂梁，其截面尺寸 $b = 30\text{mm}$，$h = 60\text{mm}$。已知 $\beta = 30°$，$l_1 = 400\text{mm}$，$l = 600\text{mm}$，材料的弹性模量 $E = 200\text{GPa}$；今测得梁的上表面距左侧面为 $e = 5\text{mm}$ [或：　　] 的 A 点处的纵向线应变 $\varepsilon_{xA} = -4.3 \times 10^{-4}$，试求梁的最大正应力。

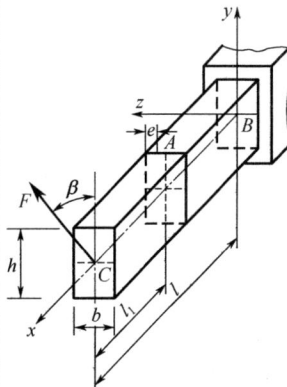

[9-5-3] 矩形截面杆受力如图，求固定端截面上 A、B、C、D 各点的正应力。

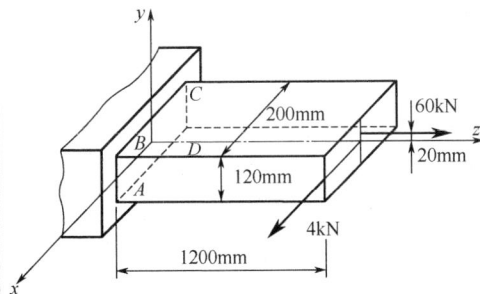

※[9-5-4] 受集度为 $q=10$kN/m 的均布载荷作用的矩形截面简支梁，其载荷作用面与梁的纵向对称面间的夹角为 $\alpha=30°$ [或：　　]，如图所示。已知该梁材料的弹性模量 $E=10$GPa，梁的尺寸为 $l=4$m，$h=160$mm，$b=120$mm；许用应力 $[\sigma]=12$MPa；许可挠度 $[w]=l/500$。试校核梁的强度和刚度。

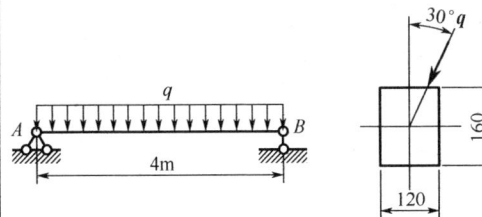

[9-5-5] 直径 $d = 30$mm [或：　　　]的圆杆，$[\sigma] = 170$MPa，试求 F 的许可值。

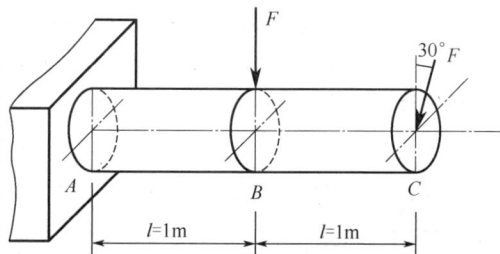

※[9-5-6] 水平悬臂梁受力及尺寸如图，$E = 10$GPa [或：　　　]，求最大正应力、最大剪应力和最大挠度。

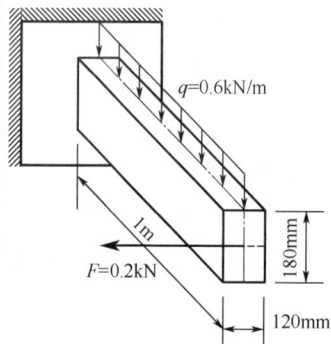

☆第 11 章　能量法与超静定

[本章重点]

重点掌握单位载荷法或卡氏第二定理。可求任何结构（刚架、曲杆、桁架等）任一截面处的位移（而要求力的作用点有与所求位移对应的载荷），掌握此方法的关键是能快速、准确地写出各种内力方程并正确积分。

超静定结构是力学、土木、机械等专业多学时材料力学课程的重点和难点。

（1）求解超静定问题。首先是正确判断结构是否属于超静定，并确定超静定的次数，这是问题的关键；其次要根据结构的特点，选取合理的静定基，以保证受力和变形均与原结构相当，求解过程则相对简单。

（2）由于工程结构中存在大量对称结构，当其承受对称载荷（反对称载荷）或可转化为上述载荷时，利用对称（非对称）的特性可使超静定问题次数降低，使问题大为简化。

[本章难点]

难点主要是对虚功原理的介绍，"虚"位移，"虚"功，内力所作虚功相互抵消，平衡力系在刚性虚位移上所作功的总和等于零等比较抽象的概念。

不论多余约束外力或内力，用变形比较法（或力法正则方程）来解，其难点是根据变形协调条件写出多余约束力所表达的补充方程，其余问题即可迎刃而解。

[本章考点]

能量法及其在超静定结构中的应用是多学时课程的必考点，且往往是试卷中的难点。

（1）能量法求直杆、曲杆、刚架、桁架某截面的位移或某两截面间的相对位移等。

（2）能量法应用在动载荷中的计算冲击点的静位移 Δ_{st}（进而确定动荷系数）中；能量法应用在涉及冲击的超静定问题中。

对于力学、土木、机械等专业多学时课程来讲，超静定结构也常常是课程考试和考研试题的考点，一套试题中的难点大都出自本章。

（3）一般以超静定梁为主，稍深则涉及超静定刚架。对于较高次超静定结构，常利用对称性使问题简化。考题大多以一次或可化为一次超静定的问题为主。

（4）超静定问题和冲击问题结合，有时还涉及压杆稳定的复杂的问题。

[本章的习题分类与解题要点]

一、本章中的**能量法**部分的计算题大致分为四类：

（1）**求各种结构的应变能**。只需正确求出各部分内力，直接求和或积分。

（2）**求指定截面的变形**（包括位移、转角等）。这类题目视直杆、曲杆及内力图或单位内力图是否有一个为线性函数选用**单位载荷法或图形互乘法**求积分。一般情况下，不会限定方法，此时建议用单位载荷法；但当限定方法时一定要特别留意，比如限定**卡氏第二定理**，往往会给出若干个相同的力或力偶，此时一定要在求偏导前给各力添加下标以示区别。

（3）**求指定两截面的相对位移**。一定要施加与所求位移相对应的一对单位力（单位载荷法），对称结构则会简化。

（4）**功的互等原理或位移互等原理的应用**。关键是要选择一个合适的静定基（基本静定体系），使得一些复杂问题大为简化（此类问题在考试中较少出现）。

二、本章中的**超静定**的计算题大致分为以下三类：

（1）**超静定梁的求解**（求多余约束力并作弯矩图）。

（2）**超静定刚架**的内力计算并画内力图，多以对称结构承受对称或反对称载荷为主，且平面问题居多。

【注】：书中凡标"※"为相对于少、中学时有一定难度的基本部分或专题部分内容；书中凡标"☆"属专题部分内容，主要供多、中学时选用。

（3）**超静定桁架**中各杆的内力计算。

☆【11-1 类】选择题（一）

（1）若材料服从胡克定律，且物体的变形满足小变形条件，则该物体的_____与载荷之间呈非线性关系。

【A】内力；　　　　　　【B】应力；

【C】位移；　　　　　　【D】应变能。

（2）图示悬臂梁，当力 F 单独作用时，截面 B 的转角为 θ，若先加 M_e，后加 F，则在加 F 的过程中，力偶 M_e_____。

【A】不做功；

【B】做负功，其值为 $M_e\theta$；

【C】做正功；

【D】做负功，其值为 $M_e\theta/2$。

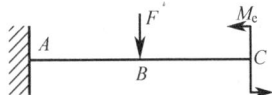

（3）图示拉杆，在截面 B、C 上分别作用有集中力 F 和 $2F$。在下列关于该梁应变能的说法中，_____是正确的。

【A】先加 F，再加 $2F$ 时，杆的应变能最大；

【B】先加 $2F$，再加 F 时，杆的应变能最大；

【C】同时按比例加 F 和 $2F$ 时，杆的应变能最大；

【D】按不同次序加 F 和 $2F$ 时，杆的应变能一样大。

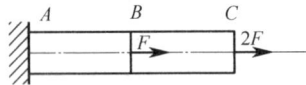

（4）一梁在集中力 F 作用下，其应变能为 U，若将力 F 改为 $2F$，其他条件不变，则其应变能为_____。

【A】$2U$；　　【B】$4U$；　　【C】$8U$；　　【D】$16U$。

（5）材料相同的四个直杆如图所示。其中_____杆应变能最大。

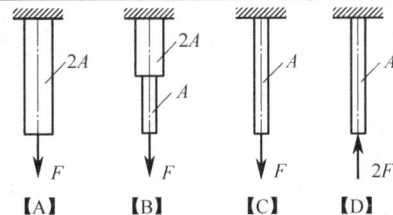

（6）图示圆轴的抗扭刚度为 GI_p，应变能为_____。

【A】$U = \dfrac{T^2a}{2GI_p} + \dfrac{T^2b}{2GI_p}$；　　　　【B】$U = \dfrac{T^2b}{2GI_p} + \dfrac{(2T)^2a}{2GI_p}$；

【C】$U = \dfrac{T^2(a+b)}{2GI_p} + \dfrac{T^2a}{2GI_p}$；　　【D】$U = \dfrac{T^2a}{2GI_p} + \dfrac{(2T)^2b}{2GI_p}$。

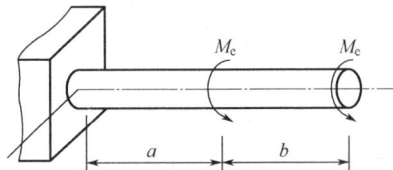

（7）一根梁处于不同的载荷或约束状态，在下列结论中，_____是正确的。

【A】若梁的弯矩图相同，则其应变能也一定相同；

【B】若梁的弯矩图不同，则其应变能也一定不同；

【C】若梁的应变能相同，则其弯矩图也一定相同；

【D】若梁的弯矩图相同，而约束状态不同，则其应变能也不同。

（8）图示两根梁，横截面和梁长均相同。它们的_____。

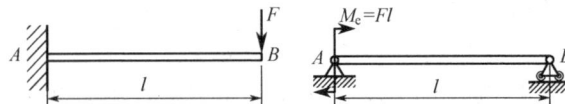

【A】应变能相等，最大挠度不等；

【B】应变能和最大挠度均相等；

【C】应变能不等，最大挠度相等；

【D】应变能和最大挠度均不等。

（9）用莫尔积分 $\delta = \int_l \dfrac{M(x)\overline{M(x)}}{EI}\mathrm{d}x$ 求得的位移 δ 是_____。

【A】结构上的最大位移；

【B】单位力作用处的总位移；

【C】单位力作用处的竖直位移；

【D】单位力作用处沿单位力方向的位移。

（10）应用莫尔定理计算梁的挠度时，若结果为正，则说明该挠度一定_____。

【A】向上；　　　　　　【B】向下；

【C】与单位力方向一致；　【D】与单位力方向相反。

（11）用莫尔积分法计算梁的位移时，需先建立载荷和单位力引起的弯矩方程 $M(x)$ 和 $\overline{M(x)}$，此时应要求_____。

【A】选取的坐标 x 要一致，而划分的梁段可以不一致；

【B】划分的梁段要一致，而选取的坐标 x 可以不一致；

【C】选取的坐标 x 和划分的梁段都必须完全一致；

【D】选取的坐标 x 和划分的梁段都可以不一致。

（12）桁架及其受力如图所示，若要用莫尔定理求节点 A、C 间的相对位移，则须沿 AC 方向_____。

【A】在 A 点加一个单位力；

【B】在 C 点加一个单位力；

【C】在 A、C 两点加一对方向相反的单位力；

【D】在 A、C 两点加一对方向相同的单位力。

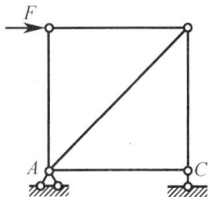

（13）卡氏定理只适用于_____。

【A】静定结构；　　　　【B】线弹性、小变形结构；

【C】弯曲变形；　　　　【D】基本变形。

（14）卡氏定理有两个表达式（a）$\delta = \dfrac{\partial U}{\partial F}$；（b）$\delta = \int_l \dfrac{M(x)}{EI}\cdot\dfrac{\partial M(x)}{\partial F}\mathrm{d}x$，其中_____。

【A】式（a）适用于任何线弹性体，式（b）只适用于梁；

【B】式（a）只适用于梁，式（b）适用于任何线弹性体；

【C】式（a）、式（b）均适用于任何线弹性体；

【D】式（a）、式（b）均只适用于梁。

（15）一刚架受载情况如图所示，设其应变能为 U，则由卡氏定理 $\delta = \dfrac{\partial U}{\partial F}$ 求得的位移 δ 为截面 A 的_____。

【A】水平位移和竖直位移的代数和；

【B】水平位移和竖直位移的矢量和；

【C】总位移；

【D】沿 45°（合力）方向的线位移。

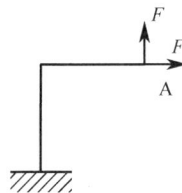

（16）用卡氏定理求图示梁截面 B 的转角 θ_B，检查下列计算方法和步骤，其中错误从_____步开始。

【A】求支反力：$F_A = F$，$F_B = 0$；

【B】列弯矩方程：$M(x_1) = M_e$，$M(x_2) = Fx_2$；

【C】求偏导：$\dfrac{\partial M(x_1)}{\partial M_e} = 1$，$\dfrac{\partial M(x_2)}{\partial M_e} = 0$；

【D】求转角 θ_B：$\theta_B = \dfrac{1}{EI}\displaystyle\int_0^a M_e \cdot 1 \cdot \mathrm{d}x_1 = \dfrac{M_e \cdot a}{EI}$。

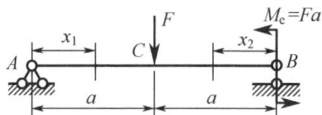

（17）用卡氏定理求某处的位移时，若该处无与位移相应的载荷，则可设想在该处增加一个附加力 F_f，在＿＿＿＿后，可以令该附加力 F_f 等于零，计算得出所求位移。

【A】求支反力；

【B】列出弯矩方程 $M(x)$；

【C】求偏导数 $\dfrac{\partial M(x)}{\partial F_f}$；

【D】积分求位移。

（18）图示悬臂梁，若在自由端作用一集中力 $F_1 = 3\text{kN}$，测得截面 2 的转角 $\theta_{21} = 0.01\text{rad}$。那么梁在截面 2 处承受＿＿＿＿时，其自由端产生的挠度为 $w_{12} = 1\text{mm}$。

【A】集中力偶 $M_{e2} = 30\text{kN} \cdot \text{mm}$；

【B】集中力偶 $M_{e2} = 300\text{kN} \cdot \text{mm}$；

【C】集中力 $F_2 = 30\text{kN}$；

【D】集中力 $F_2 = 300\text{kN}$。

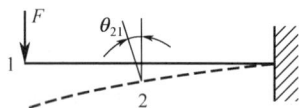

（19）同一刚架的两种受力情况如图 a、b 所示。若集中力 F 和力偶 M_e 的数值相等，则比较二者的变形可知（数值关系）＿＿＿＿。

【A】$\delta_{C1} = \delta_{C2}$；　　　　【B】$\delta_{C1} = \theta_{B2}$；

【C】$\theta_{B1} = \theta_{B2}$；　　　　【D】$\theta_{B1} = \delta_{C2}$。

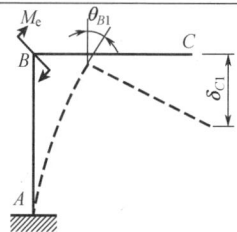

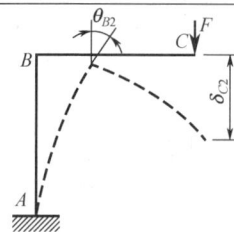

a)　　　　　　　　　　　　b)

（20）设一梁在 n 个广义力 P_1、P_2、P_3、...、P_n 共同作用下的外力功 $W = \dfrac{1}{2}\displaystyle\sum_{i=1}^{n} P_i \Delta_i$，则式中 Δ_i 为＿＿＿＿。

【A】广义力 P_i 在其作用处产生的挠度；

【B】广义力 P_i 在其作用处产生的相应广义位移；

【C】n 个广义力在 P_i 作用处产生的挠度；

【D】n 个广义力在 P_i 作用处产生的广义位移。

（21）设一梁在广义力 P_1、P_2 共同作用下的外力功为 $W = \dfrac{1}{2}\displaystyle\sum_{i=1}^{2} P_i \delta_i$，若 P_1 为竖直集中力，P_2 为集中力偶，则 δ_1、δ_2＿＿＿＿。

【A】分别为转角和挠度；　　【B】分别为挠度和转角；

【C】均为转角；　　　　　　【D】均为挠度。

（22）设一物体在 n 个广义力 P_1、P_2、P_3、...、P_n 共同作用下的外力功 $W = \dfrac{1}{2}\displaystyle\sum_{i=1}^{2} P_i \Delta_i$，则＿＿＿＿。

【A】W 一定大于零，而 $P_i\Delta_i$ 却不一定；

【B】$P_i\Delta_i$ 一定大于零，而 W 却不一定；

【C】W 和 $P_i\Delta_i$ 均一定大于零；

【D】W 和 $P_i\Delta_i$ 均不一定大于零。

☆【11-1 类】选择题（二）

（1）悬臂梁 AB 如图 a 所示，如在自由端 B 上加一个活动铰支座如图 b 所示，则该梁的＿＿＿＿。

【A】强度提高，刚度不变；　　　【B】强度不变，刚度提高；

【C】强度和刚度都提高；　　　　【D】强度和刚度都不变。

a)　　　　　　　　　　b)

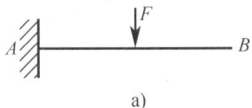

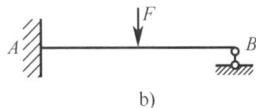

（2）结构的静不定次数等于＿＿＿＿＿＿。

【A】未知力的数目；

【B】支座反力的数目；

【C】未知力数目与独立平衡方程数目的差数；

【D】支座反力数目与独立平衡方程数目的差数。

（3）图示结构是＿＿＿＿＿次静不定结构。

【A】1；　　　【B】2；　　　【C】3；　　　【D】4。

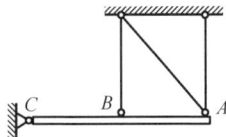

（4）当系统的温度升高时，下列结构中的＿＿＿＿＿＿不会产生温度应力。

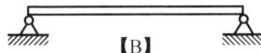

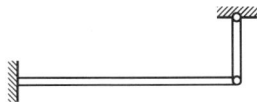

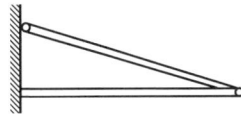

【A】　　　　　　　　　　【B】

【C】　　　　　　　　　　【D】

（5）图示外伸梁，＿＿＿＿＿＿可以仅用静力平衡方程求得。

【A】AB 段的内力；　　　【B】BC 段的内力；

【C】两段的内力都；　　　【D】两段的内力都不。

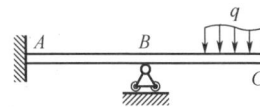

（6）求解静不定结构时，若取不同的静定基，则＿＿＿＿＿＿。

【A】补充方程不同，解答结果相同；

【B】补充方程相同，解答结果不同；

【C】补充方程和解答结果都相同；

【D】补充方程和解答结果都不同。

（7）图示构架，梁 AB 的抗弯刚度为 EI，杆 CB 的抗拉刚度为 EA。若取 AB 梁为静定基，并设杆 CB 与梁在 B 端的相互作用力 F_N 为多余约束力，则变形协调条件为＿＿＿＿＿＿。

【A】$\dfrac{ql^4}{8EI} = \dfrac{F_N a}{EA}$；　　　　【B】$\dfrac{ql^4}{8EI} = \dfrac{F_N l^3}{3EA}$；

【C】$\dfrac{ql^4}{8EI} - \dfrac{F_N l^3}{3EI} = -\dfrac{F_N a}{EA}$；　　【D】$\dfrac{ql^4}{8EI} - \dfrac{F_N l^3}{3EI} = \dfrac{F_N a}{EA}$。

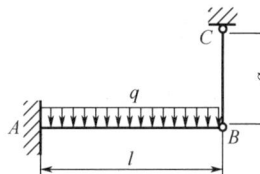

（8）图示结构，梁 AB 的抗弯刚度为 EI，杆 CD 的抗拉刚度为 EA。若取 AB 梁为静定基，并设杆 CD 与梁在 C 处的相互作用力 F_N 为多余约束力，则变形协调条件为＿＿＿＿＿＿。

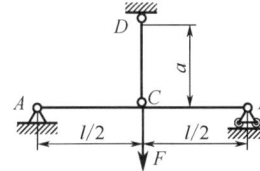

【A】$\dfrac{ql^4}{48EI}=\dfrac{F_{\mathrm{N}}a}{EA}$；　　　　【B】$\dfrac{(F-F_{\mathrm{N}})l^3}{48EI}=\dfrac{F_{\mathrm{N}}a}{EA}$；

【C】$\dfrac{Fl^3}{48EI}=-\dfrac{F_{\mathrm{N}}a}{EA}$；　　　　【D】$\dfrac{(F-F_{\mathrm{N}})l^3}{48EI}=-\dfrac{F_{\mathrm{N}}a}{EA}$。

（9）图示梁在＿＿＿＿＿情况下不会产生装配应力。

【A】固定端面转动一个角度；

【B】支座 B 上偏移；

【C】支座 B 下偏移；

【D】支座 B 左偏移或右偏移。

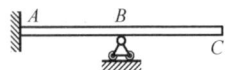

（10）图示等直梁在截面 C 承受 M_{e} 作用，在截面 C 上＿＿＿＿＿。

【A】转角为零，挠度不为零；

【B】转角不为零，挠度为零；

【C】转角和挠度均为零；

【D】转角和挠度均不为零。

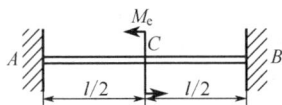

（11）图示等直梁承受均布载荷 q 作用，在截面 C 上＿＿＿＿＿。

【A】有弯矩，无剪力；　　　【B】既有弯矩又有剪力；

【C】有剪力，无弯矩；　　　【D】既无弯矩又无剪力。

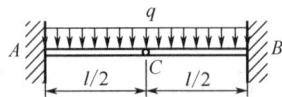

（12）设图示刚架截面 A、B 上的弯矩分别为 M_A 和 M_B。则由对称

原理可知＿＿＿＿＿。

【A】$M_A=0$，$M_B\neq0$；　　　【B】$M_A\neq0$，$M_B=0$；

【C】$M_A=M_B=0$；　　　【D】$M_A\neq0$，$M_B\neq0$。

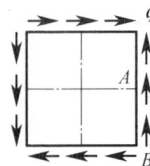

（13）图示梁 A 端固定，B 端由刚度为 k 的弹簧支承。若取 AB 梁为静定基，并取弹簧的受力 F_B 为多余未知力，并设在 F、F_B 共同作用下系统的总应变能为 $U(F,F_B)$，则用卡氏定理得出的关于 F_B 的补充方程应为＿＿＿＿＿。

【A】$\dfrac{U(F,F_B)}{\partial F}=0$；　　　【B】$\dfrac{U(F,F_B)}{\partial F_B}=0$；

【C】$\dfrac{U(F,F_B)}{\partial F}=\dfrac{F}{k}$；　　　【D】$\dfrac{U(F,F_B)}{\partial F_B}=\dfrac{F_B}{k}$。

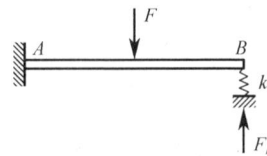

（14）静不定系统与其相当系统相比，二者的＿＿＿＿＿。

【A】内力相同，变形不同；

【B】内力不同，变形相同；

【C】内力和变形都相同；

【D】内力和变形都不同。

（15）用单位力法求解静不定结构的位移时，单位力＿＿＿＿＿。

【A】只能加在原静不定结构上；

【B】只能加在基本静定系上；

【C】既可加在原静不定结构上，也可加在基本静定系上；

【D】既不能加在原静不定结构上，也不能加在基本静定系上。

（16）下列梁中，梁_____的弹簧所受压力与弹簧刚度 k 有关。

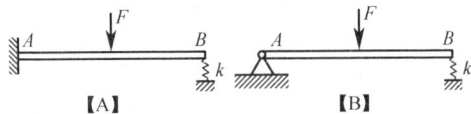

【A】　　　　　　　【B】

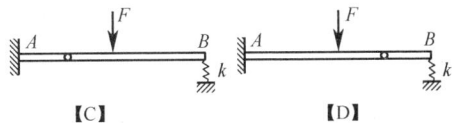

【C】　　　　　　　【D】

（17）三杆结构如图所示。今欲使杆 3 的轴力减小，应采取的措施为_____。

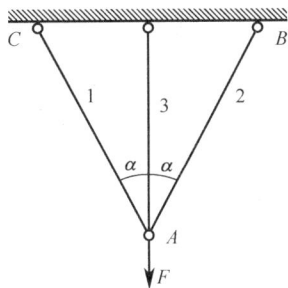

【A】加大杆 3 的横截面积；

【B】减小杆 3 的横截面积；

【C】使三杆的横截面积一起加大；

【D】增大 α 角。

（18）图示两根悬臂梁用弹性杆 BC 连接如图，其变形协调条件为_____。

【A】$y_B + y_C = \Delta l$；

【B】$y_B + \Delta l = y_C$；

【C】$y_B - \Delta l = y_C$；

【D】$y_B = y_C$。

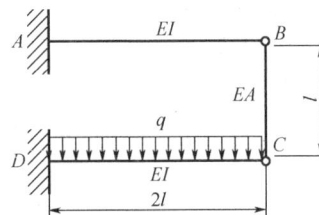

（19）一超静定梁受载荷如图示，若梁长 l 增加一倍，其余不变，则跨中最大挠度是原来的_____倍。

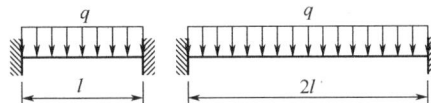

【A】2；　　　　　　　　　　【B】4；

【C】8；　　　　　　　　　　【D】16。

【11-2 类】计算题（求杆件和结构的应变能）

[11-2-1] 试求下列图示各杆的**应变能**。各杆均由同一种材料制成，弹性模量为 E。

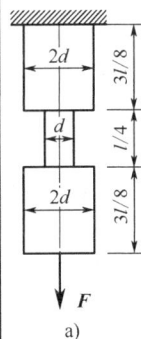

a)

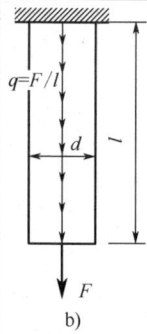

q=F/l

d

l

F

b)

[11-2-2] 试求图示受扭圆轴内的**应变能**（设 $d_2 = 1.5d_1$，G 为常量且相同）。

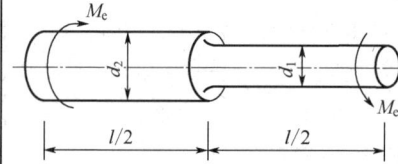

M_e

d_2

d_1

M_e

l/2　　l/2

[11-2-3] 试计算图示梁或结构内的**应变能**。*EI* 为已知（略去剪切的影响，对于只受拉压杆件，考虑拉压时的应变能）。

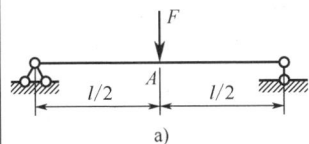

a)

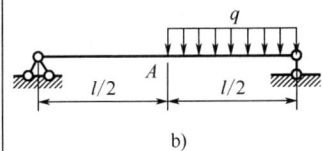

b)

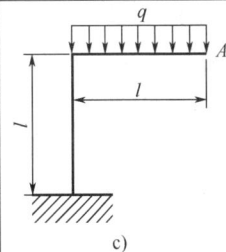

c)

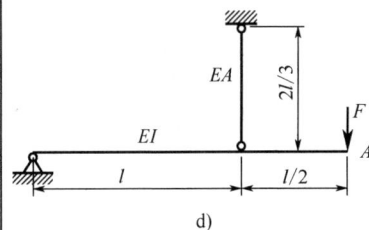

d)

☆【11-3 类】计算题（求指定截面的变形或点的位移）

[11-3-1] 图示各梁，抗弯刚度 EI 均为常量。试直接用功能原理或卡氏定理分别求 A 截面与所加载荷相应方向的位移[或：　]。

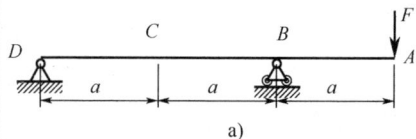

a)

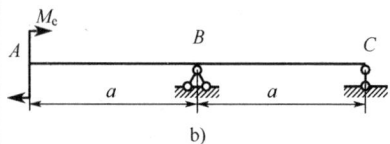

b)

[11-3-2] 试用**卡氏定理**求图示悬臂梁 A 截面的挠度[或：　]及 B 截面的转角，已知 EI 为常数。

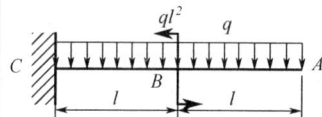

[11-3-3] 试用单位载荷法求梁中央 C 截面的挠度和 A 端转角 [或：　　]。

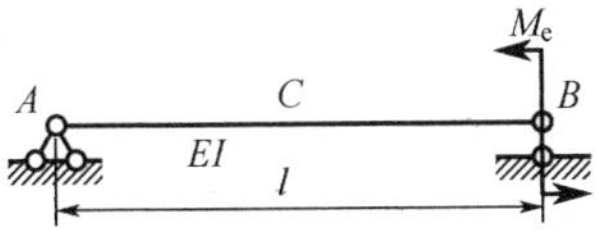

[11-3-4] 试用**单位载荷法**求图示各梁在载荷作用下截面 A、C 处的挠度和截面 A 的转角[或：　　]。EI 为已知，略去剪力对位移的影响。

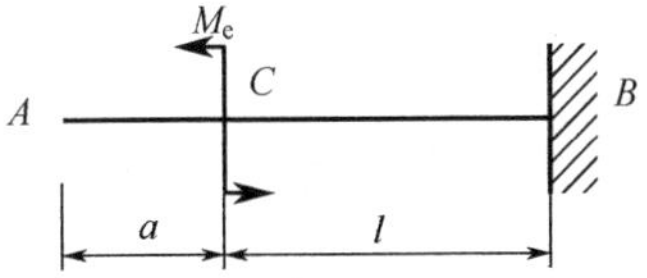

a)

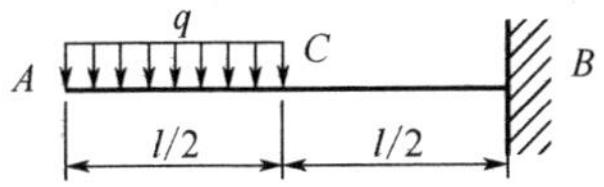

b)

[11-3-5] 图示刚架，各段的抗弯刚度均为 EI，不计轴力和剪力的影响，用**卡氏第二定理**或**单位载荷法**求截面 D [或：]的水平位移 Δ_{Dx} 和转角 θ_D。

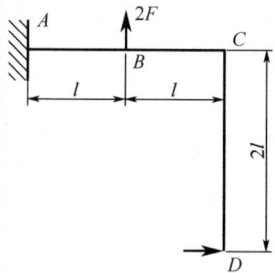

[11-3-6] 图示刚架各段的抗弯刚度均为 EI。不计轴力和剪力的影响。用**卡氏第二定理**求 B 截面的转角[或：]。

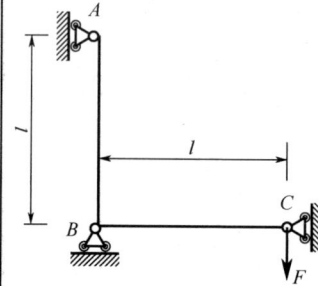

[11-3-7] 杆系如图所示，在 B 端受到集中力 F 作用。已知杆 AB 的抗弯刚度为 EI，杆 CD 的抗拉刚度为 EA。略去剪切的影响，试用卡氏第二定理求 B 端的铅垂位移[或：　　]。

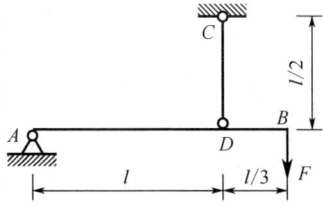

[11-3-8] 图示结构中，直角折杆 ABF 的截面抗弯刚度为 EI，对于此杆可略去剪力和轴力对变形的影响。CD 杆抗拉刚度为 EA。试用卡氏第二定理或单位载荷法求 F 点的水平位移[或：　　]。

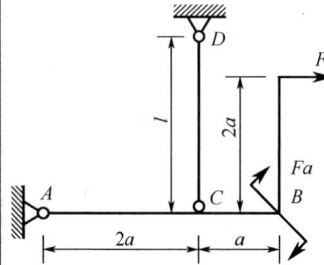

[11-3-9] 图示刚架，*AB* 段与 *BC* 段的抗弯刚度均为 *EI*，求 *A* 点的水平位移和垂直位移。

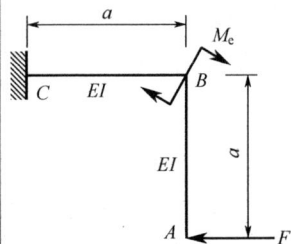

[11-3-10] 图示梁在 F_1 单独作用下 *B* 截面的挠度 $w_{B1}=2\text{mm}$，**证明**梁在 F_2 单独作用下 *C* 截面的挠度 $w_{C2}=4\text{mm}$（假设 *EI* 不是常量）。

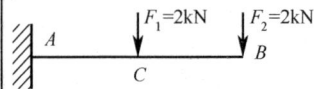

[11-3-11] 图示外伸梁，在 C 点的力 F 单独作用下截面 A 的转角为 $\theta_A = Fal/6EI$。用**互等定理**求梁仅在 A 处的力偶矩 M_e 作用下 C 的挠度。

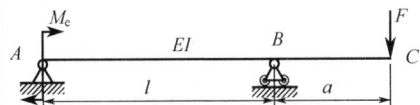

[11-3-12] 桁架每根杆的横截面面积均为 A，其弹性模量均为 E，试用**能量法**求力 F 作用点 A 的水平位移。

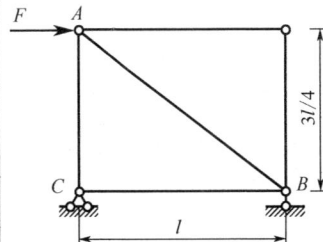

[11-3-13] 试用**能量法**求图示桁架 A 点的垂直位移。设抗拉刚度 EA 已知。

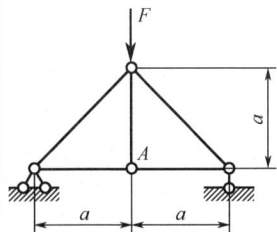

☆【11-4 类】计算题（求指定两截面的相对位移）

[11-4-1] 刚架各部分的 EI 相等，试用**能量法**求在图示一对力 F 作用下，A、B 两点之间的相对位移，A、B 两截面[**或：**　　]的相对转角。

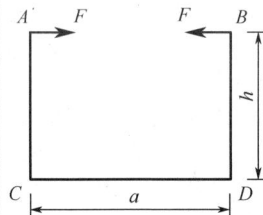

[11-4-2] 刚架各段杆的 EI 相同，受力如图所示。

（1）用**能量法**计算 A、E 两点[或：　　　]的相对位移 Δ_{AE}。

（2）欲使 A、E 间无相对线位移，试求 F_1 与 F_2 的比值。

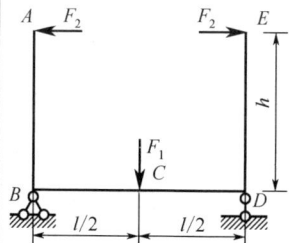

[11-4-3] 图示桁架各杆材料相同，截面面积相等，在载荷 F 作用下，试用能量法求节点 B 与 D 间[或：　　　]的相对位移 Δ_{BD}。

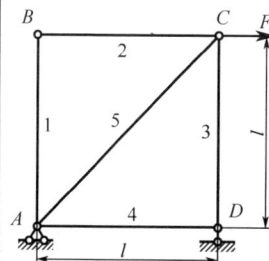

[11-4-4] 图示桁架各个杆的抗拉压刚度 EA 相等,在外力 $2F$ 的作用下,试用能量法求节点 A、E 间[或:　　]的相对位移。

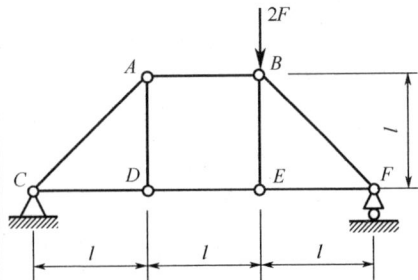

[11-4-5] 等截面刚架 $ABCDE$ 的抗弯刚度为 EI,受力如图。试求 E 点的水平位移 Δ_{Ex} 及 B、E 两截面的相对转角 θ_{BE}。

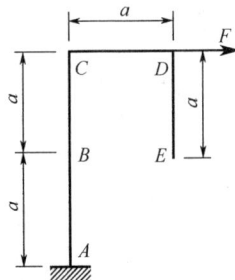

☆【11-5 类】计算题（能量法解超静定梁）

[11-5-1] 木梁 ACB 两端铰支，中点 C 处为弹簧支承。若弹簧刚度 $k = 500\text{kN/m}$，且已知 $l = 4\text{m}$，$b = 60\text{mm}$，$h = 80\text{mm}$ [或：　　　]，$E = 1\text{GPa}$，均布载荷 $q = 10\text{kN/m}$，试求弹簧的约束反力。

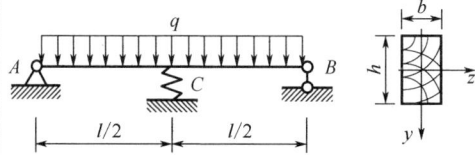

[11-5-2] 求图示抗弯刚度为 EI 的对称超静定梁的两端反力（设固定端沿梁轴线的反力可省略）。

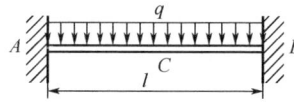

[11-5-3] 抗弯刚度为 EI 的直梁 ABC 在承受载荷前安装在支座 A、C 上，梁与支座 B 间有一间隙 Δ。承受均布载荷 q 后，梁发生弯曲变形并与支座 B 接触。若要使三个支座的约束反力均相等[或：　　　　]，则间隙 Δ 应为多大？

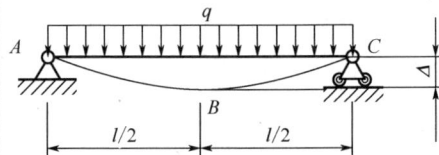

[11-5-4] 图示悬臂梁 AD 和 BE 的抗弯刚度皆为 $EI = 24 \times 10^6 \, \text{N} \cdot \text{m}^2$，连接杆 CD 的截面面积 $A = 3 \times 10^{-4} \, \text{m}^2$，$CD$ 杆的 $l = 5\text{m}$ [或：　　　]，材料弹性模量 $E = 200\text{GPa}$；若外力 $F = 50\text{kN}$，试求悬臂梁 AD 在 D 点的挠度。

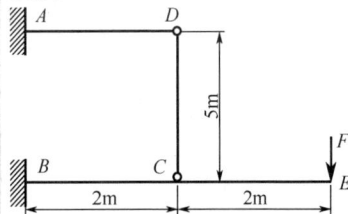

[11-5-5] 求图示抗弯刚度为 EI 的对称静不定梁的支座反力和最大弯矩。

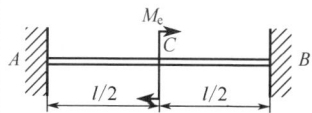

☆【11-6 类】计算题（能量法解超静定刚架）

[11-6-1] 已知各杆的 EA、EI 相同。试用单位载荷法或卡氏第二定理求解图示超静定结构，并画出图示刚架的弯矩图。

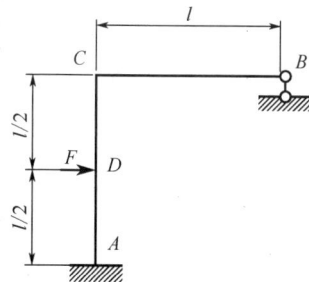

[11-6-2] 若刚架各部分的抗弯刚度均为常量 EI，$M_e = Fa$，试作刚架的弯矩图。

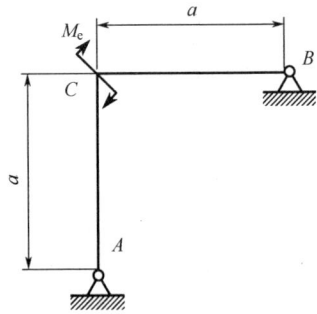

[11-6-3] 刚架结构受力如图所示，已知刚架各个部分的抗弯刚度均为 EI，试作刚架的弯矩图（不计剪力和轴力的影响）。

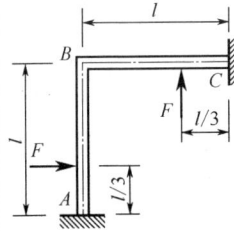

[11-6-4] 求图示刚架 C 及 A 处的约束力。已知各杆弯曲刚度相同（略去剪力和轴力的影响）。

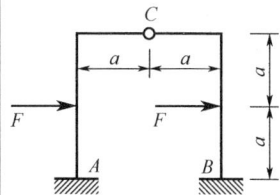

[11-6-5] 图示刚架，弯曲刚度 EI 为常数。求支座 A 及铰链 C 处的反力。

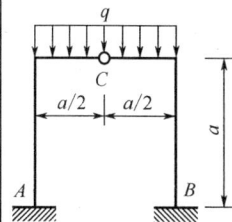

☆【11-7 类】计算题（能量法解超静定桁架、桁梁结构）

[11-7-1] 图示杆件结构，各杆的抗拉刚度均为 EA。试求各杆的内力。

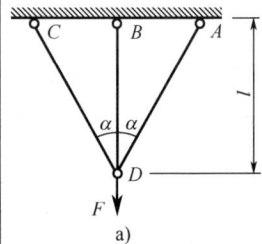

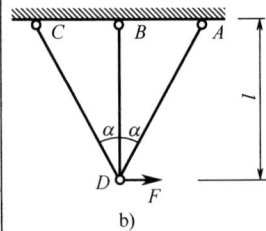

a)

b)

[11-7-2] 图示结构，试求：（1）杆 BC 的轴力；（2）节点 B 的铅垂位移。

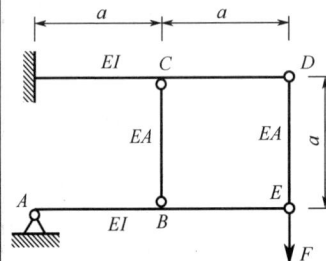

[11-7-3] 结构及其受力如图。已知 EA、EI，且 $I = Aa^2$，用卡氏第二定理求①、②两杆的内力。

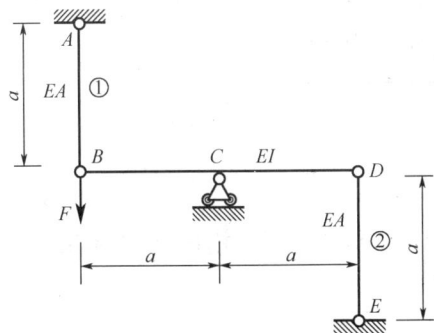

☆【11-8 类】计算题（能量法求解超静定连续梁）

[11-8-1] 作图示各梁的剪力图和弯矩图。$F = qa$，设 EI 为常量。

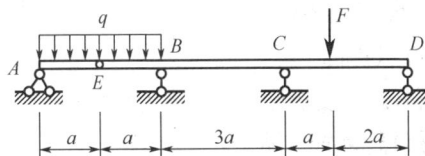

材料力学模拟试题 1（少学时）

一、选择题（每小题 5 分，共 3 小题、15 分）

1-1、低碳钢经冷作硬化后，可以提高_____。

【A】比例极限；　　　　【B】强度极限；

【C】伸长率；　　　　　【D】断面收缩率。

1-2、在图示刚架中，_____段发生拉弯组合变形。

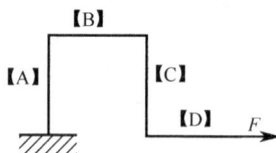

1-3、圆截面细长压杆的材料和杆端约束保持不变，若将其直径缩小为原来的 1/3，则压杆的临界压力为原压杆的_____。

【A】1/3；　【B】1/9；　【C】1/27；　【D】1/81。

二、填空题（每小题 5 分，共 3 小题、15 分）

2-1、圆轴受力如图，其危险截面在_____段，当 M_{e3}、M_{e4} 交换以后，危险截面在_____段。

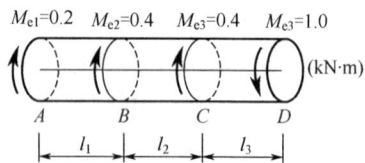

2-2、图示任意图形的面积为 A，形心 C 到 z 轴的距离为 a，设其对 z 轴惯性矩为 I_z，则对 z_C 轴的惯性矩 I_{zC} 为_____。

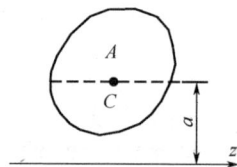

2-3、图示悬臂梁受到集中力的作用，已知梁的弯曲刚度为 EI，则 A 截面的挠度 $w_A =$_____。

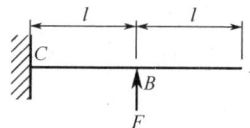

三、计算题（共 5 小题、70 分）

3-1、（15 分）图示阶梯形钢杆，材料的弹性模量 $E = 200\text{GPa}$，试求杆横截面上的最大正应力和杆的总伸长。

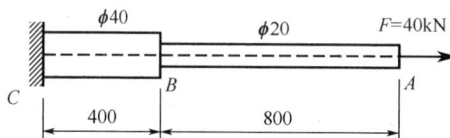

3-2、（10 分）图示螺栓接头。已知 $F=40kN$ ， $d=15mm$ 螺栓的许用切应力 $[\tau]=130MPa$ ，许用挤压应力 $[\sigma_{bs}]=300MPa$ 。试校核螺栓的强度。

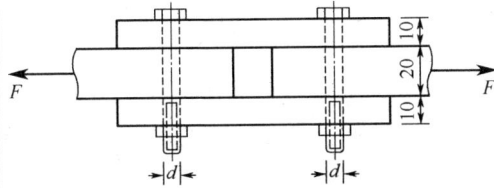

3-3、（15 分）试作图示梁的剪力图、弯矩图。

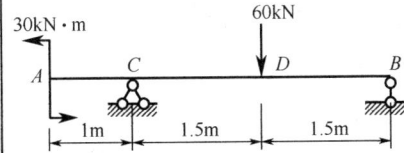

3-4、（15 分）两矩形等截面梁，尺寸和材料的许用应力$[\sigma]$、E 均相等，但放置如图 a、b。按弯曲正应力强度条件确定两者许可载荷之比 $F_1 / F_2 = ?$

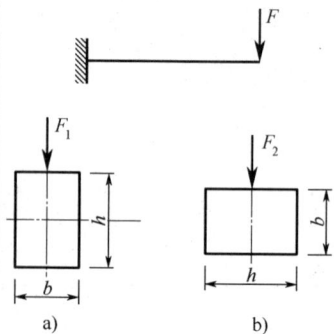

a)　　　　　　　b)

3-5、（15 分）图示圆截面压杆 $d = 40\text{mm}$，$\sigma_s = 235\text{MPa}$，$\sigma_p = 200\text{MPa}$。试求可以用经验公式 $\sigma_{cr} = 304 - 1.12\lambda$ (MPa) 来计算其临界应力时的压杆长度范围。

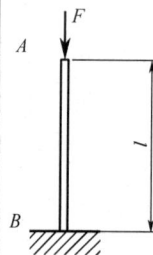

材料力学模拟试题 2（中学时）

一、选择题（每小题 5 分，共 3 小题、15 分）

1-1、试件进入屈服阶段后，表面会沿_____出现滑移线。

【A】横截面；　　　　　　　　【B】纵截面；

【C】σ_{max} 所在面；　　　　　【D】τ_{max} 所在面。

1-2、某水平放置梁的部分弯矩图如下图所示，梁在 A 截面上_____。

【A】作用有向上集中力；　　　【B】作用有向下集中力；

【C】作用有顺时集中力偶；　　【D】作用有逆时集中力偶。

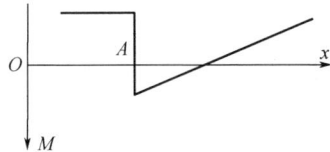

1-3、图示两个受冲击结构，其中梁、弹簧常数和冲击物重量 Q 均相同，设图 a、图 b 梁中的最大冲击应力分别为 σ_a 和 σ_b，则 σ_a / σ_b_____。

【A】>1；　　【B】=1；　　【C】<1；　　【D】不确定。

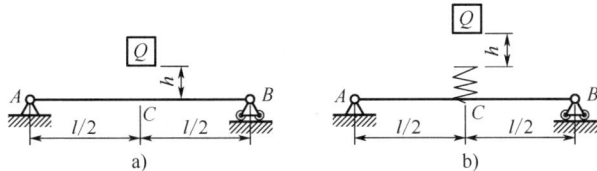

二、填空题（每小题 5 分，共 3 小题、15 分）

2-1、内径与外径的比值为 $\alpha = d/D$ 的空心圆轴，两端承受力偶发生扭转，设四根轴的 α 分别为 0、0.5、0.6 和 0.8，但横截面面积相等，其承载能力最大的轴是_____。

2-2、任意形状图形及其坐标轴如图所示，其中 z 轴平行于 z′ 轴。

若已知图形的面积为 A，对 z 轴的惯性矩为 I_z，则该图形对 z′ 轴的惯性矩 $I_{z'} = $_____。

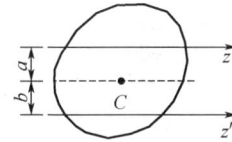

2-3、用铸铁制成的 T 形截面悬臂梁受力如图所示，该梁的最佳放置方式是_____。

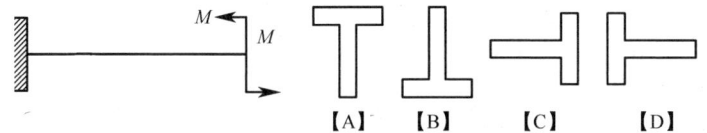

【A】　【B】　【C】　【D】

三、计算题（共 6 小题、70 分）

3-1、（10 分）图示由铜和钢两种材料组成的等直杆，铜和钢的弹性模量分别为 $E_1 = 100GPa$ 和 $E_2 = 210GPa$。若杆的总伸长为 $\Delta l = 0.126mm$，试求载荷 F 和杆横截面上的应力。

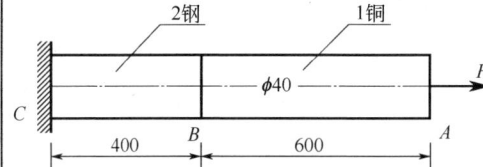

3-2、（15 分）试作图示梁的剪力图、弯矩图。

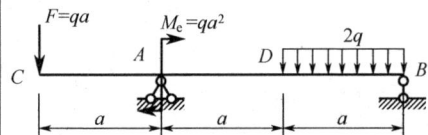

3-3、（15 分）两矩形等截面梁，尺寸和材料的许用应力$[\sigma]$、E 均相等，但放置如图 a、图 b 所示。（1）按弯曲正应力强度条件确定两者许可载荷之比 $F_1/F_2 = ?$ （2）确定在此情况下两者最大挠度之比 $w_a/w_b = ?$

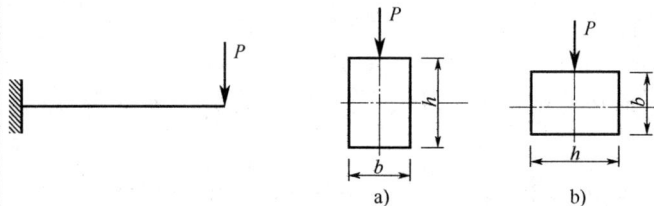

a)　　　　b)

3-4、（10 分）已知应力状态分别如各图所示，图中应力单位皆为 MPa 。试求：

（1）主应力大小。

（2）在单元体上标出主平面方位及主应力方向。

（3）最大切应力。

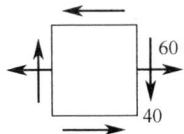

3-5、（10 分）图示矩形截面梁。已知 b、h、l、E 和 F。试求 AB 纤维的伸长量 Δl。

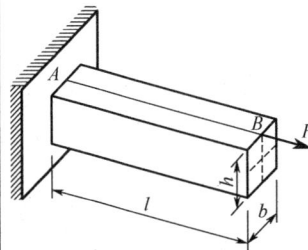

3-6、（10分）图示结构中，两杆直径相同 $d=40mm$ ，$\lambda_p=100$ ，$\lambda_s=61.6$ ，临界应力的经验公式为 $\sigma_{cr}=304-1.12\lambda$ （MPa），稳定安全系数 $n_{st}=2.4$ ，试校核压杆的稳定性。

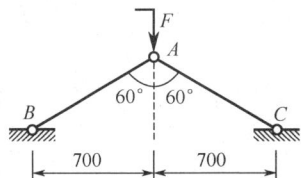

材料力学模拟试题3（多学时）

一、选择题（每小题5分，共3小题、15分）

1-1、对于没有明显屈服阶段的塑性材料，通常以产生＿＿＿＿所对应的应力作为名义屈服极限，并记为 $\sigma_{0.2}$ 。

【A】0.2的应变值；　　　　【B】0.2的塑性应变；

【C】0.2%的应变值；　　　【D】0.2%的塑性应变。

1-2、梁发生纯弯曲时，横截面上的中性轴为该横截面的＿＿＿＿。

【A】主轴；　　　　　　　【B】形心轴；

【C】惯性轴；　　　　　　【D】形心主惯性轴。

1-3、图示悬臂梁，在下面四个关系式中，＿＿＿＿是正确的。

【A】$w_C=\theta_B l/2$ ；　　　　【B】$w_C=w_B$ ；

【C】$w_C=\theta_A l$ ；　　　　　【D】$w_C-w_B=\theta_B l/2$ 。

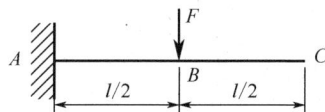

二、填空题（每小题5分，共3小题、15分）

2-1、图示结构中，杆 AB 为刚性杆，设 l_1 和 l_2 分别表示杆1、2的长度，Δl_1 和 Δl_2 分别表示它们的伸长，则当求解斜杆的内力时，相应的变形协调条件为＿＿＿＿。

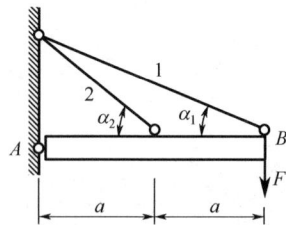

2-2、受扭圆轴上贴有三个应变片，如图所示。实测时应变片

_____的读数几乎为零。

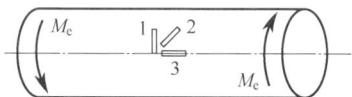

2-3、图示梁 A 端固定，B 端由刚度为 k 的弹簧支承。若取 AB 梁为静定基，并取弹簧的受力 F_B 为多余未知力，并设在 F、F_B 共同作用下系统的总应变能为 $U(F, F_B)$，则用卡氏定理得出的关于 F_B 的补充方程应为_____。

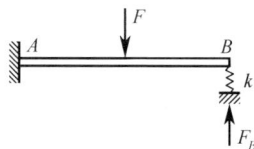

三、计算题（共 7 小题、70 分）

3-1、（12 分）试作图示外伸梁的剪力图和弯矩图。

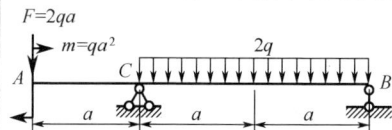

3-2、（12 分）图示 T 形截面铸铁梁受力，若 $[\sigma_t] = 30MPa$，$[\sigma_c] = 60MPa$。为了使梁合理工作，试确定 BC 段长度 x 及梁上分布载荷 q 的最大值。

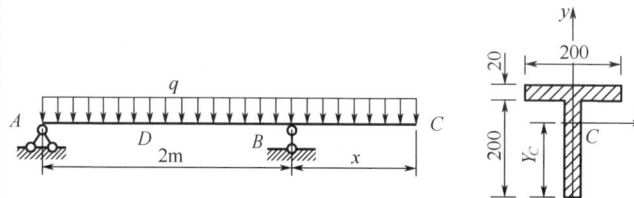

3-3、（8分）试定性地画出图示等截面梁的挠曲线大致形状。

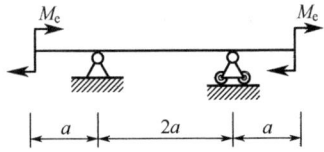

3-4、（8分）图示特殊空间应力状态单元体，试求其主应力及最大切应力。图中应力单位为MPa。

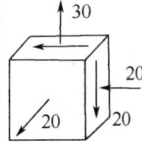

3-5、（10 分）矩形截面杆受轴向力 F 作用，若在杆上开了图示槽口，已知 $F=60\text{kN}$，$a=60\text{mm}$。试求 I—I、II—II 截面上的最大应力。

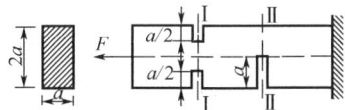

3-6、（10 分）图示直梁的弯曲刚度为 EI，弯曲截面系数为 W，弹簧刚度系数为 k，且 $k=\dfrac{3EI}{l^3}$。重物 P 以速度 v 冲击直梁的上端，试求梁内的最大弯曲正应力。

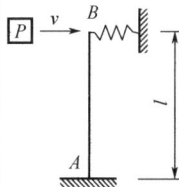

3-7、（10 分）图示构架，AB 为刚性杆，F 作用在跨中，AC、BD、BE 均为细长压杆，且它们的材料、横截面均相同。设 E、A、I、a 已知，稳定安全系数 $n_{st}=3$，求许可载荷 $[F]$。

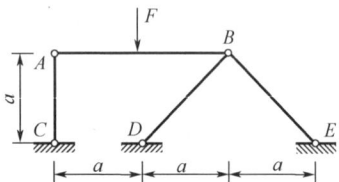

材料力学模拟试题 4（考研）

（西南交通大学 2010 年材料力学考研试题）

一、选择题（每小题 3 分，共 5 小题、15 分）

1-1、拉压正应力计算公式 F_N/A 适用的条件是_____。

【A】材料在线弹性范围内工作；

【B】拉压变形的平截面假定成立；

【C】小变形假设成立；

【D】材料均匀连续性假设成立。

1-2、纯弯梁电测实验中，温度补偿片应该贴在_____。

【A】被测梁的表面；

【B】与被测梁同种材料试块的表面；

【C】与被测梁不同材料试块的表面；

【D】应变仪的表面。

1-3、悬臂梁自由端受铅垂集中力作用，将横截面原来为正方形的梁按以下方式对剖开，则所得到新梁的弯曲刚度最小的是_____。

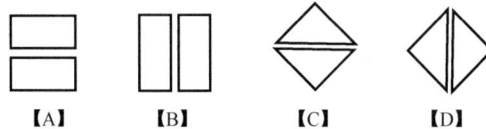

【A】　　　【B】　　　【C】　　　【D】

1-4、在图示应力状态中，_____。

【A】$\tau_{max}=0$；　【B】$\sigma_1=0$；　【C】$\sigma_2=0$；　【D】$\sigma_3=0$。

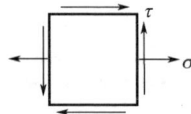

1-5、发生拉压与斜弯曲组合变形时，构件横截面上中性轴的大致位置是_____。

【A】过形心，且与一主轴平行；

【B】过形心，且与主轴斜交；

【C】不过形心，但与一主轴平行；

【D】不过形心，但与主轴斜交。

二、填空题（每小题 3 分，共 5 小题、15 分）

2-1、图示杆件由一段空心杆和一段实心杆连接而成，空心杆的左端固定，右端与一刚性板连接；实心杆右端与刚性板连接，左端受到轴向集中力 F 作用，杆长均为 1000mm。已知空心杆和实心杆的轴向线应变分别为 -360×10^{-6} 和 240×10^{-6}，则实心杆左端的位移量为_____。

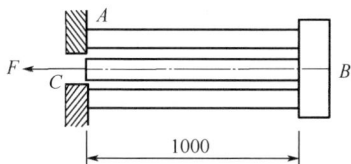

2-2、已知一实心圆轴的直径为 d，一空心圆轴的外径为 D，内外径的比值为 α，若要使两轴具有相同的扭转强度，则 $d/D=$_____。

2-3、已知梁的弯曲刚度为 EI，梁受弯后的挠曲函数为 $w=\dfrac{1}{EI}\left(x^4-5x^3-3x^2+6\right)$，则该梁上作用的均布载荷集度 q 的大小为_____。

2-4、矩形截面杆受到平行于杆轴线方向的压力 F 的作用，则该横截面周边与 z 轴相交的 A 点处正应力为_____。

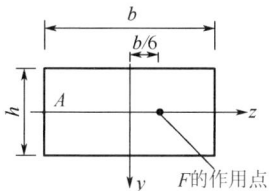

2-5、冲击动应力 $\sigma_d=K_d\sigma_{st}$，其中 σ_{st} 为静应力，K_d 为动荷因数，

当自由落下的冲击物的落差 h 减为 0 时，$\sigma_d/\sigma_{st}=$_____。

三、计算题（共 8 小题、120 分）

3-1、（10 分）如图所示的桁架，结点 A 安装在滑块上，滑块可以在滑槽中自由移动。已知杆 AB 和 AC 的材料和尺寸均相同，弹性模量 E=200GPa，线膨胀系数 α=12×10⁻⁶/℃，长度 l=300mm，横截面面积 A=100mm²。若桁架所处的环境温度升高 Δt=20℃。

试求：1）两根杆件的轴力；2）滑块沿滑槽中移动的距离。

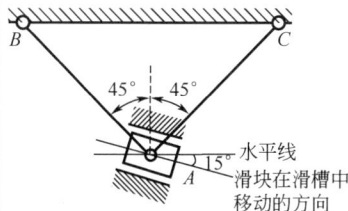

3-2、（20分）一根长 l=800mm、横截面直径 d=40mm 的等直圆轴在两端面内受到一对大小相等、方向相反的集中力偶的作用发生扭转，两端面之间的相对扭转角为 1.2°。已知材料的 G=80GPa，试求横截面上 A 和 B 两点的扭转切应力。

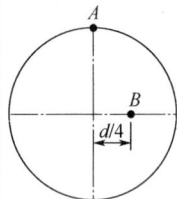

3-3、（20分）作图示外伸梁的剪力图和弯矩图。

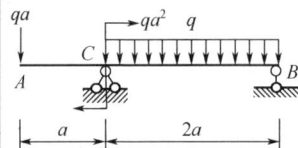

3-4、（15 分）长 l=4m 的简支梁的横截面尺寸如图所示，在边长为 200mm 的正方形中截去了一个边长为 160mm 的正方形。试求该梁在 q=20kN/m 的满布均布载荷作用下横截面上最大的弯曲正应力和最大弯曲切应力。

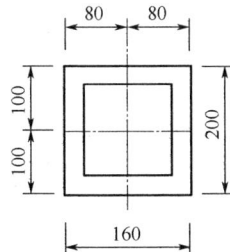

3-5、（15 分）直径 d=100mm 的圆轴在右端面内沿 z 轴方向受到切向集中力 F 的作用，圆轴材料的弹性模量 E=200GPa，横向变形因数为 v=0.3。已知圆轴外表面的正面 K 点处与轴向成 45°方向的线应变为 $\varepsilon_{45°}$=420×10^{-6}，若 l=5d，试求集中力 F 之值。

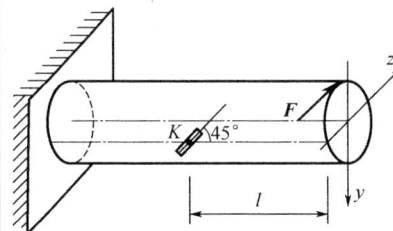

3-6、（15 分）一水平放置的直角曲拐如图所示，其 A 端固定，在 C 端受竖直向下的集中力 F 作用，BC 段受均布载荷 q 作用。AB 段为一直径为 d 的等直圆杆，且 $l=3a/2$，$a=10d$。试推导 AB 段危险点的第三强度理论相当应力（用 F 和 d 表示）。

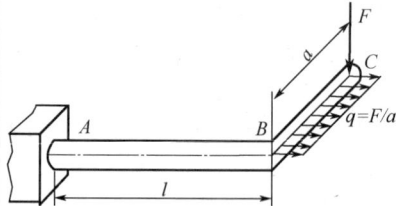

3-7、（10 分）结构受力如图所示，AB 为刚性梁，CD 为细长杆，弯曲刚度为 EI。保持 B 和 D 点的位置不变，以及刚性梁的水平位置不变，调整 C 点的位置使载荷 F 达到最大。试求此时 CD 杆的倾角 α 及载荷 F 之值。

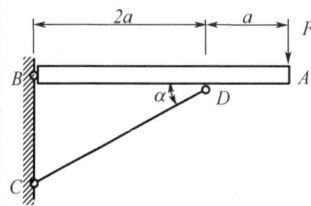

3-8、（15 分）图示 L 形刚架受到两个集中力作用，两段杆件的弯曲刚度分别为 EI 和 $2EI$。试求截面 A 的转角。

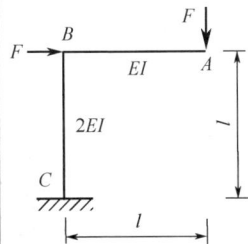

《材料力学》课程教学基本要求（A类）

力学基础课程教学指导分委员会（2011年）

一、课程的性质和任务

材料力学是变形体力学的重要基础分支之一，是一门为设计工程实际构件提供必要理论基础的重要技术基础课，也是一门理论与实验相结合的课程。材料力学的任务是研究杆件在承受各种载荷时的变形等力学性能。通过学习本课程，使学生掌握将工程实际构件抽象为力学模型的方法；掌握研究杆件内力、应力、变形分布规律的基本原理和方法；掌握分析杆件强度、刚度和稳定性问题的理论与计算；具有熟练的计算能力和一定的实验能力；为后续相关课程的学习，以及进行构件设计和科学研究打好力学基础，培养构件分析、计算和实验等方面的能力。

二、课程的基本内容与要求

[基本部分]

1. 理解材料力学的任务、变形固体的基本假设和基本变形的特征；掌握正应力和切应力、正应变和切应变的概念。

2. 掌握截面法，熟练运用截面法求解杆件（一维构件）各种变形的内力（轴力、扭矩、剪力和弯矩）及内力方程；掌握弯曲时的载荷集度、剪力和弯矩的微分关系及其应用；熟练绘制内力图。

3. 掌握本课程中所运用的变形协调关系、物理关系和静力学关系解决问题的基本分析方法。

4. 轴向拉伸与压缩

（1）掌握直杆在轴向拉伸与压缩时横截面、斜截面上的应力计算；了解安全因数及许用应力的确定，熟练进行强度校核、截面设计和许用载荷的计算。

（2）掌握胡克定律，了解泊松比，掌握直杆在轴向拉伸与压缩时的变形和应变计算；了解拉压变形能的计算。

（3）掌握求解拉压杆件一次超静定问题的方法，了解温度应力和装配应力的计算。

（4）掌握应力集中的概念，了解圣维南原理。

5. 剪切与挤压

掌握剪切和挤压（工程）实用计算。

6. 扭转

（1）掌握扭转时外力偶矩的换算；掌握薄壁圆筒扭转时的切应力计算，掌握切应力互等定理和剪切胡克定律。

（2）掌握圆轴扭转时的应力与变形计算，熟练进行扭转的强度和刚度计算。

（3）理解扭转超静定问题、非圆截面杆扭转时的切应力概念和扭转变形能的计算。

7. 截面几何性质

掌握平面图形的形心、静矩、惯性矩、极惯性矩和平行移轴公式的应用；了解转轴公式；掌握平面图形的形心主惯性轴、形心主惯性平面和形心主惯性矩的概念。

8. 弯曲

（1）掌握纯弯曲、平面弯曲、对称弯曲和横力弯曲的概念；掌握弯曲正应力和切应力的计算，熟练进行弯曲强度计算；了解提高梁弯曲强度的措施。

（2）掌握梁的挠曲线近似微分方程和积分法，掌握叠加法求梁的挠度和转角；熟练进行刚度计算；了解提高梁弯曲刚度的措施；掌握一次超静定梁的求解；了解弯曲变形能的计算。

9. 应力状态与强度理论

（1）理解应力状态的概念，掌握平面应力状态下应力分析的解析法及图解法；了解三向应力状态的概念；掌握主应力、主平面和最大切应力的计算。

【注】：书中凡标"※"为相对于少、中学时有一定难度的基本部分或专题部分内容；书中凡标"☆"属专题部分内容，主要供多、中学时选用。

（2）掌握广义胡克定律；了解体积应变、三向应力状态下的变形能密度、体积改变能密度和畸变能密度的概念。

（3）理解强度理论的概念；掌握四种常用强度理论及其应用；了解莫尔强度理论。

10．组合变形

理解组合变形的概念，掌握杆件的斜弯曲、拉伸（压缩）和弯曲、扭转与弯曲组合变形的应力与强度计算。

11．能量法

理解各种变形的应变能计算，掌握莫尔定理或卡氏第二定理的应用。

12．压杆稳定

掌握压杆稳定性的概念、细长压杆的欧拉公式及其适用范围；掌握不同柔度压杆的临界应力和安全因数法的稳定性计算；了解提高压杆稳定性的措施。

13．材料力学实验

（1）理解低碳钢和铸铁材料的拉伸、压缩和扭转实验方法，掌握材料拉伸、压缩、扭转的力学性能。

（2）理解电阻应变测试技术的基本原理，掌握弯曲正应力和组合变形时的主应力的测定方法。

[专题部分]

1．薄壁截面直杆的自由扭转

掌握开口和闭口薄壁截面直杆自由扭转的概念；了解开口和闭口薄壁截面直杆自由扭转时的应力和变形计算。

2．弯曲问题的进一步研究

（1）理解梁非对称纯弯曲的概念，掌握非对称纯弯曲梁的正应力计算方法。

（2）掌握开口薄壁截面梁的切应力计算方法。了解开口薄壁截面弯曲中心的概念和一些工程中常用截面弯曲中心位置。

（3）掌握异质材料组合梁在对称弯曲时横截面上的正应力分析。

（4）掌握截面核心的概念和确定方法。

3．能量法的进一步研究

（1）理解虚功原理、互等定理；掌握单位载荷法和图乘法。

（2）理解对称和反对称性概念；掌握力法及其正则方程求解超静定问题。

4．压杆稳定问题的进一步研究

理解弹性支承和阶梯状细长压杆临界力的欧拉公式及工程应用。掌握折减系数法。了解纵横弯曲的概念和基本解法。

5．动载荷和疲劳

（1）掌握构件作等加速直线运动或匀速转动时的动应力计算。

（2）掌握受冲击载荷作用时的动应力计算。

（3）了解交变应力下材料疲劳破坏的概念和疲劳极限的确定方法。

（4）了解影响构件疲劳极限的主要因素、疲劳强度的计算和提高构件疲劳强度的措施。

6．杆件材料塑性的极限分析

（1）掌握弹性变形与塑性变形的主要特征，了解材料塑性极限分析中的假设。

（2）掌握拉压杆系的极限载荷、等直圆杆扭转时的极限扭矩和梁弯曲时的极限弯矩的分析求解方法和塑性铰的概念。

7．材料力学性能的进一步研究

（1）了解温度、时间对材料力学性能的影响和蠕变与松弛的概念。

（2）了解冲击载荷下材料的力学性能和冲击韧性的概念。

（3）初步了解特殊材料的力学性能，例如，复合材料、高分子材料、粘弹性材料、智能材料等。

8．应变分析与实验应力分析基础

（1）掌握平面应变状态下的应变分析理论和应用。

（2）掌握应变的测量与应力的计算方法和相关的工程测试技术。

（3）了解光弹性法的基本原理与应用。

9. 材料力学的拓展性实验

（1）开设与光弹性技术相关的实验。

（2）开设综合性、设计性、创新性实验。

三、能力培养的要求

1. 建模能力：具有建立工程构件力学模型的能力，能够根据具体问题选择合理的计算模型。

2. 计算能力：具有对杆件的强度、刚度和稳定性问题的计算能力和对计算结果的合理性进行定性判断的能力。

3. 实验能力：具有利用材料力学实验方法和技术进行相关测试的初步能力。

4. 自学能力：具有借助教材与资料自主学习相关知识和分析解决问题的初步能力。

四、几点说明

1. 本教学基本要求适用于**工程力学、机械、土建、航空航天、水利、交通运输、船舶、农业工程类等专业**。

2. 教学基本要求包括基本部分和专题部分。上述专业除必修基本部分全部内容外，还需至少选择两个专题中的内容作为必修内容。专题部分的其他内容在保证基本要求的前提下，根据后续课程或专业需要酌情列为必修或选修，或者与其他课程内容融合。

3. 在教学环节中，应适当安排习题课和讨论课；保证习题和作业的数量和难度。

4. 本课程应该注意加强实践性教学环节，各高等学校应创造条件开设拓展性实验。

5. 在教学中，应科学地采用各种教学手段，充分利用各种教学资源。

6. 根据近年来全国几百所高校的调研统计数据，建议：基本部分学时为60～80学时之间，其中实验不少于6～8学时。

《材料力学》课程教学基本要求（B类）

力学基础课程教学指导分委员会（2011年）

一、课程的性质和任务

材料力学是变形体力学的重要基础分支之一，是一门为设计工程实际构件提供必要理论基础的重要技术基础课，也是一门理论与实验相结合的课程。材料力学的任务是研究杆件在承受各种载荷时的变形等力学性能。通过学习本课程，使学生掌握将工程实际构件抽象为力学模型的方法；掌握研究杆件内力、应力、变形分布规律的基本原理和方法；掌握分析杆件强度、刚度和稳定性问题的理论与计算；具有熟练的计算能力和一定的实验能力；为后续相关课程的学习，以及进行构件设计和科学研究打好力学基础，培养构件分析、计算和实验等方面的能力。

二、课程的基本内容与要求

[基本部分]

1. 理解材料力学的任务、变形固体的基本假设和基本变形的特征；掌握正应力和切应力、正应变和切应变的概念。

2. 掌握截面法，熟练运用截面法求解杆件（一维构件）各种变形的内力（轴力、扭矩、剪力和弯矩）及内力方程；掌握弯曲时的载荷集度、剪力和弯矩的微分关系及其应用；熟练绘制内力图。

3. 轴向拉伸与压缩

（1）掌握直杆在轴向拉伸与压缩时横截面、斜截面上的应力计算；了解安全因数及许用应力的确定，熟练进行强度校核、截面设计和许用载荷的计算。

（2）掌握胡克定律，了解泊松比，掌握直杆在轴向拉伸与压缩时的变形和应变计算。

（3）掌握求解拉压杆件一次超静定问题的方法。

（4）了解应力集中概念和圣维南原理。

4．剪切与挤压

掌握剪切和挤压（工程）实用计算。

5．扭转

（1）掌握扭转时外力偶矩的换算；掌握薄壁圆筒扭转时的切应力计算，掌握切应力互等定理和剪切胡克定律。

（2）掌握圆轴扭转时的应力与变形计算，熟练进行扭转的强度和刚度计算。

6．截面几何性质

掌握平面图形的形心、静矩、惯性矩、极惯性矩和平行移轴公式的应用；了解转轴公式；掌握平面图形的形心主惯性轴、形心主惯性平面和形心主惯性矩的概念。

7．弯曲

（1）掌握纯弯曲、平面弯曲、对称弯曲和横力弯曲的概念；掌握弯曲正应力和切应力的计算，了解弯曲切应力的概念，掌握强度计算；了解提高梁弯曲强度的措施。

（2）掌握梁的挠度和转角的计算方法及刚度分析；了解提高梁弯曲刚度的措施。

8．应力状态和强度理论

（1）理解应力状态的概念，掌握平面应力状态下应力分析方法；了解三向应力状态的概念；掌握主应力、主平面和最大切应力的计算。

（2）掌握广义胡克定律；了解体积应变、三向应力状态下的变形能密度、体积改变能密度和畸变能密度的概念。

（3）理解强度理论的概念；掌握四种常用强度理论及其应用。

9．组合变形

理解组合变形的概念，掌握杆件的拉伸（压缩）和弯曲、扭转与弯曲组合变形的应力与强度计算。

10．压杆稳定

掌握压杆稳定性的概念、细长压杆的欧拉公式及其适用范围；掌握不同柔度压杆的临界应力和安全因数法的稳定性计算；了解提高压杆稳定性的措施。

11．材料力学实验

（1）理解低碳钢和铸铁材料的拉伸、压缩和扭转实验方法，掌握材料拉伸、压缩、扭转的力学性能。

（2）掌握弯曲正应力的测定方法。

[专题部分]

1．拉压超静定

掌握求解拉压杆件一次超静定问题的方法；了解温度应力和装配应力的计算。

2．扭转问题的进一步研究

了解扭转超静定问题。了解非圆截面杆扭转时的切应力概念。

3．弯曲问题的进一步研究

掌握简单超静定梁的求解。理解梁非对称纯弯曲的概念。掌握斜弯曲的应力计算。了解开口薄壁截面梁的切应力和弯曲中心概念。

4．能量法

了解各种变形的变形能计算。了解利用能量法求解位移的方法。

5．压杆稳定问题的进一步研究

理解弹性支承和阶梯状细长压杆临界力的欧拉公式及工程应用。掌握折减系数法。

6．动载荷和疲劳

（1）掌握构件作等加速直线运动或匀速转动时的动应力计算。

（2）掌握受冲击载荷作用时的动应力计算。

（3）了解交变应力下材料的疲劳破坏的概念和疲劳极限的确定方法。了解影响构件疲劳极限的主要因素。

7．应变分析与实验应力分析基础

理解平面应力状态下的应变分析理论。掌握应变的测量与应力的计算方法。

8. 材料力学的拓展性实验

（1）开设与电测实验技术相关的实验。

（2）开设综合性、设计性、创新性实验。

三、能力培养的要求

1. 建模能力：具有建立工程构件力学模型的能力，能够根据具体问题选择合理的计算模型。

2. 计算能力：具有对杆件的强度、刚度和稳定性问题的计算能力。

3. 实验能力：具有利用材料力学实验方法进行测试的初步能力。

4. 自学能力：具有借助教材与资料自主学习相关知识的初步能力。

四、几点说明

1. 本基本要求适用**交通、材料、热能、环境、电气、测控、精密仪器、工业设计、建筑学、经济管理、电子科学**等对材料力学要求适中或较低的专业。

2. 教学基本要求包括基本部分和专题部分。上述专业除必修基本部分全部内容外，还需至少选择两个专题中的内容。专题部分内容在保证基本要求的前提下，根据后续课程或专业需要酌情列为必修或选修，或者与其他课程内容融合。

3. 在教学环节中，应适当安排习题课和讨论课；保证习题和作业的数量和难度。

4. 本课程应该注意加强实践性教学环节，各高等学校应创造条件开设拓展性实验。

5. 在教学中，应科学地采用各种教学手段，充分利用各种教学资源。

6. 根据近年来全国几百所高校的调研统计数据，建议：基本部分学时为 40～54 学时之间，其中实验不少于 5 学时。

普通高等教育机械类课程规划教材

材料力学基本训练

（第二版）B 册

古　滨　田云德　沈火明　编　著

北京理工大学出版社
BEIJING INSTITUTE OF TECHNOLOGY PRESS

内 容 简 介

本书是根据教育部《高等学校工科本科课程教学基本要求》和教育部工科力学教学指导委员会有关《工科力学课程教学改革的基本要求》编写而成的。全书共 12 章、10 个单元，每章的前面部分是本章的重点、难点、考点、习题分类与解题要点的归纳总结，后面部分是本章的单项选择题、计算题等训练题目。为便于帮助实现分级教学，选择题分为基本型、提高型二档，计算题进行了分类与分级；大部分计算题中的部份参数可根据需要由教师重新给定，避免学生盲目抄袭作业或答案。同时，本书编有适用于多、中、少学时以及考研不同层次的材料力学模拟试题。

本书可作为高等院校工科相关专业材料力学课程的作业用书（可拆分成 A、B 二个独立分册交替使用）和辅导用书，可作为学生考研、竞赛、巩固复习用书，也可作为夜大、电大、职大等学生的参考用书。

图书在版编目（CIP）数据

材料力学基本训练：AB 册 / 古滨，田云德，沈火明编著. —2 版. —北京：北京理工大学出版社，2023.2 重印

ISBN 978-7-5682-1848-1

Ⅰ. ①材… Ⅱ. ①古… ②田… ③沈… Ⅲ. ①材料力学－高等学校－习题集 Ⅳ. ①TB301-44

中国版本图书馆 CIP 数据核字(2016)第 019798 号

出 版 发 行 / 北京理工大学出版社有限责任公司
社　　　址 / 北京市海淀区中关村南大街 5 号
邮　　　编 / 100081
电　　　话 /（010）68914775（总编室）
　　　　　　（010）82562903（教材售后服务热线）
　　　　　　（010）68944723（其他图书服务热线）
网　　　址 / http://www.bitpress.com.cn
经　　　销 / 全国各地新华书店
印　　　刷 / 三河市华骏印务包装有限公司
开　　　本 / 787 毫米×1092 毫米　1/16
印　　　张 / 14
字　　　数 / 320 千字
版　　　次 / 2023 年 2 月第 2 版第 5 次印刷
总 定 价 / 29.80 元

责任编辑 / 陆世立
文案编辑 / 赵　轩
责任校对 / 孟祥敬
责任印制 / 马振武

前言（第二版序言）

本书第二版保留了原第一版的主要特点，并在近四年使用的基础上，经过全面修正、更新和补充而成的。

本书由古滨、田云德、沈火明编著。第 1～10 章由西华大学古滨编写与修订，第 11 章由西华大学田云德编写与修订、第 12 章西南交通大学沈火明编写与修订，材料力学多、中、少学时的模拟试题由西华大学古滨和成都理工大学郭春华修订，材料力学考研模拟题由西南交通大学龚辉提供。全书由古滨统稿。

本书可与北京理工大学出版社出版的《材料力学》（第二版）、《材料力学实验指导与实验基本训练》（第二版）配套使用。

编　者

2015 年 10 月

前言（第一版序言）

为了适应新世纪课程分级教学的需要和对学生能力培养的要求，我们在总结多年来教学实践的基础上，按照教育部《高等学校工科本科材料力学课程教学基本要求》和教育部工科力学教学指导委员会《面向二十一世纪工科力学课程教学改革的基本要求》，根据当前国内主流教材的基本内容，将材料力学中的基本概念，典型习题中普遍存在的具有代表性、易出错的问题，以客观和主观习题的形式编写了这本《材料力学基本训练》。

本书结合近年来西华大学材料力学精品课程和力学课程省级教改成果与力学实验课程省级教改成果、西南交通大学国家工科基础课程力学教学基地的部分教改成果和成都理工大学力学课程部分教改成果为一体。本书的编写内容及顺序与目前国内出版的各类主流《材料力学》教材基本一致，包括：（绪论、轴向拉压与剪切）、（扭转、平面图形几何性质）、弯曲内力、弯曲应力、弯曲变形、应力状态与强度理论、组合变形、压杆稳定、能量法与超静定、动载荷与交变应力，共 12 章、10 个单元。每章先是本章的重点、难点、考点、习题分类与解题要点的归纳总结，后是本章的选择题、计算题等二类训练题目。同时，本书编有适用于多、中、少学时以及考研不同层次的材料力学模拟试题。

本书的主要特点有：

（1）便于帮助实现分级教学。对各章的重点、难点、考点、习题分类与解题要点的做了归纳总结；将选择题分为基本型、提高型二档。对计算题进行了分类与分级（做了标注说明），以便于教师布置作业、以利于学生形成知识结构体系；全书 10 个单元，前 8 个单元为基本部分内容，后 2 个单元为主要供多学时选用的专题部分内容。同时计算题中的部分参数可根据需要由教师重新给定，避免学生盲目抄袭作业及参考答案。此外，相对于少、中学时有一定难度的基本部分或专题部分内容前标注了"※"，属专题部分内容前标注了"☆"，主要供多、中学时选用。

（2）可增强教与学的互动性。编写形式介于教材、学习指导书和习题集之间，为师与生之间搭建了一个互动桥梁。可达到使学生不仅要看，还要动手练的双重效果。该书可作为作业用书，也可作为课堂讨论、小测验用书。

（3）本书是一本个性化的复习参考资料。学生可直接在本书上完成作业，省去了抄题和其他重复性的工作，利于学生把有限的时间和精力集中在分析问题、解决问题上。本书可拆分成 A、B 二个独立分册使用，并按单元顺序交替提交作业。本书将教与学更紧密地结合在一起，对学生而言它将是一本较完整、能长期保存的个性化的复习参考资料。同时本书附上了材料力学课程教学要求，便于师生把握教与学。

本书可作为高等院校土建、机械、材料、航空航天、水利、动力等工科相关专业材料力学课程的作业用书和辅导用书，可作为学生考研、竞赛、巩固复习用书，也可作为夜大、电大、职大等学生的参考用书。

本书由古滨、沈火明、郭春华等编著。第1～10章由西华大学古滨编写，第11～12章由西南交通大学沈火明编写，材料力学多、中、少学时的模拟试题由成都理工大学郭春华编写，材料力学考研模拟题由西南交通大学龚辉提供。全书的大部分图表由西华大学汀俊松完成。全书由古滨统稿、定稿。

在本书的策划和编写过程中得到了西华大学力学教学部和力学实验中心的老师们的关心和支持，特别是在本书前三次试用过程中胡文绩等老师提出了很多好的建议，在此一并表示衷心感谢。

本书提供给广大教师、学生和其他读者朋友，希望能对你们的教学或学习有所帮助。由于编者水平有限，疏漏和遗误在所难免，恳请批评指正。

编　者

2011 年 5 月

总 目 录

B 册目录

第3章　扭　转

[本章重点]

本章的重点是圆轴扭转时的强度条件和刚度条件的应用。一般先作出扭矩图，判断危险截面，然后进行强度和刚度的校核、截面设计或载荷估计，注意强度条件和刚度条件的并用。

[本章难点]

扭转超静定问题，关键是找出变形协调关系。

[本章考点]

圆轴扭转常作为基本内容来考察，包括：以基本概念为主，即纯剪切、切应力互等定理、剪切胡克定律；圆轴扭转时切应力分布规律、扭转破坏现象及其原因分析，多学时还可能涉及矩形截面杆扭转时应力分布规律、最大切应力所在点等；计算题涉及扭转外力偶矩的计算、圆轴扭转时的应力和变形、实心圆轴和空心圆轴的强度和刚度计算等。扭转问题在后续的的弯扭组合变形章节中还会涉及。

[本章习题分类与解题要点]

本章计算题大致包含以下五类：

（1）圆轴扭转外力偶矩的换算。已知外力和力臂，计算外力偶矩；已知圆轴传递功率和转速，求外力偶矩。

（2）**计算圆轴扭转时的内力扭矩和绘制扭矩图。**内力的计算可采用截面法或直接法，注意相应的正负号规定。由扭矩图寻找构件的危险截面。

（3）**圆轴扭转时的横截面上应力计算和变形计算，并解决圆轴的强度问题和刚度问题。**要求熟记实心轴横截面和空心轴横截面的 I_p 和 W_p 计算公式，特别要注意空心圆轴横截面上切应力的分布规律。

（4）**※扭转超静定问题。**其基本思路与拉压超静定相同（三步曲），应综合考虑静力平衡、变形几何关系和物理关系三个方面。

（5）☆其他非圆截面杆的扭转计算问题。这部分一般只对多学时

有定性了解的要求。

【3-1类】选择题（一）

（1）一受扭圆轴如图所示。其截面 $m-m$ 上的扭矩 $T=$_____。

【A】$M_e + M_e = 2M_e$；　　　【B】$2M_e - M_e = M_e$；

【C】$M_e - M_e = 0$；　　　【D】$-2M_e + M_e = -M_e$。

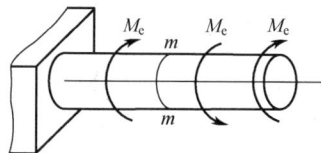

（2）电动机传动轴截面上扭矩与传动轴的_____成正比。

【A】传递功率 P；　　　　【B】转速 n；

【C】直径 D；　　　　　【D】切变模量 G。

（3）根据圆轴扭转的平面假设，可以认为圆轴扭转时其横截面形状尺寸_____。

【A】不变，直径仍为直线；　【B】改变，直径仍为直线；

【C】不变，直径不为直线；　【D】改变，直径不为直线。

（4）推导圆轴扭转应力公式 $\tau_\rho = \dfrac{T\rho}{I_p}$ 时，没有涉及关系式_____。

【A】$T = \int_A \tau\rho dA$；　　　　【B】$\tau_\rho = G\gamma_\rho$；

【C】$I_p = \int_A \rho^2 dA$；　　　　【D】$\tau_{max} = \dfrac{T}{W_t}$。

（5）扭转应力 $\tau_\rho = \dfrac{T\rho}{I_p}$ 适用于_____杆件。

【A】任意截面形状；　　　　【B】任意实心截面形状；

【C】任意材料的圆截面；　　【D】线弹性材料的圆截面。

（6）直径为 D 的实心圆轴，两端受扭转力偶矩作用，轴内最大切应力为 τ，若轴的直径改为 $D/2$，则轴内的最大切应力变为_____。

【注】：书中凡标"※"为相对于少、中学时有一定难度的基本部分或专题部分内容；书中凡标"☆"属专题部分内容，主要供多、中学时选用。

【A】2τ；　　　　　　　　　　【B】4τ；

【C】8τ；　　　　　　　　　　【D】16τ。

（7）一根空心轴的内、外径别为 d、D，当 $D=2d$ 时。其抗扭截面系数 W_t 为＿＿＿＿。

【A】$\dfrac{7}{16}\pi d^3$；　　　　　　【B】$\dfrac{15}{32}\pi d^3$；

【C】$\dfrac{15}{32}\pi d^4$；　　　　　　【D】$\dfrac{7}{16}\pi d^4$。

（8）当实心圆轴的直径增加 1 倍时，其抗扭强度、抗扭刚度分别增加到原来的＿＿＿＿倍。

【A】8 和 16；　　　　　　　　　【B】16 和 8；

【C】8 和 8；　　　　　　　　　　【D】16 和 16。

（9）一内外径之比 $d/D=0.8$ 的空心圆轴，若外径 D 固定不变，壁厚增加 1 倍，则该轴的抗扭强度和抗扭刚度分别提高＿＿＿＿。

【A】不到 1 倍，1 倍以上；　　　【B】1 倍以上，不到 1 倍；

【C】1 倍以上，1 估以上；　　　【D】不到 1 倍，不到 1 倍。

（10）图示等直圆轴，若截面 B、A 的相对扭转角 $\varphi_{AB}=0$，则外力偶 M_{e1} 和 M_{e2} 的关系为＿＿＿＿。

【A】$M_{e1}=M_{e2}$；　　　　　　【B】$M_{e1}=2M_{e2}$；

【C】$M_{e1}=2M_{e2}$；　　　　　　【D】$M_{e1}=3M_{e2}$。

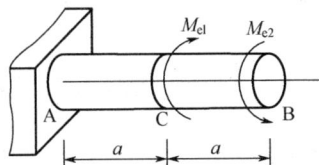

（11）图示圆轴的半径 R、长度为 l，材料的剪切弹性摸量为 G。若受扭后圆轴表面纵向线 AB 的倾斜角为 α，则在线弹性小变形条件下轴内的最大扭转切应力 τ_{max} 和单位长度扭转角 θ 为＿＿＿＿。

【A】$\tau_{max}=G\alpha$，$\theta=\alpha/l$；

【B】$\tau_{max}=G\alpha l/R$，$\theta=\alpha/l$；

【C】$\tau_{max}=G\alpha$，$\theta=\alpha/R$；

【D】$\tau_{max}=G\alpha l/R$，$\theta=\alpha/R$。

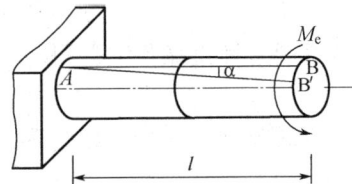

（12）当圆轴横截面上的切应力超过剪切比例极限 τ_p 时，扭转切应力公式 $\tau_\rho=\dfrac{T\rho}{I_p}$ 和扭转角公式 $\varphi=\dfrac{Tl}{GI_p}$＿＿＿＿。

【A】前者适用，后者不适用；

【B】前者不适用，后者适用；

【C】两者都适用；

【D】两者都不适用。

（13）扭转角为 φ，单位长度扭转角为 $\theta=\dfrac{d\varphi}{dx}$，则表示扭转变形程度的量为＿＿＿＿。

【A】是 φ，不是 θ；

【B】是 θ，不是 φ；

【C】是 φ 和 θ；

【D】φ 和 θ 都不是。

（14）在扭转刚度条件 $\theta=\dfrac{T_{max}}{GI_p}\leqslant[\theta]$ 中，$[\theta]$ 的单位应当是＿＿＿＿。

【A】$(°)$；　　　　　　　　　　【B】rad；

【C】$(°)/m$；　　　　　　　　　【D】rad/m。

（15）铸铁圆棒在外力作用下，发生图示的破坏形式，其破坏前的受力状态如图_____所示。

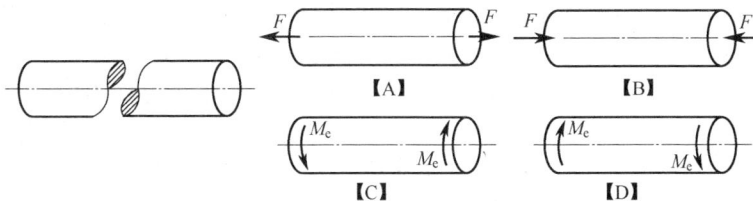

（16）如图 a、b、c 所示三个单元体，虚线表示其受力的变形情况，则单元体的剪应变 γ_a、γ_b、γ_c 应当是_____。

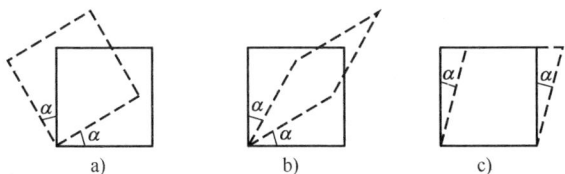

【A】$\gamma_a = 2\alpha$；$\gamma_b = -2\alpha$；$\gamma_c = \alpha$；

【B】$\gamma_a = 0$；$\gamma_b = -2\alpha$；$\gamma_c = -\alpha$；

【C】$\gamma_a = 0$；$\gamma_b = 2\alpha$；$\gamma_c = \alpha$；

【D】$\gamma_a = \alpha$；$\gamma_b = 2\alpha$；$\gamma_c = \alpha$。

※【3-1 类】选择题（二）

（1）从受扭圆轴内截取图中虚线所示形状部分，则该部分上_____无切应力。

【A】横截面 1；　　【B】纵截面 2；

【C】纵截面 3；　　【D】圆柱面 4。

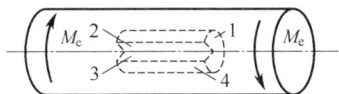

（2）两端受扭转力偶矩作用的实心圆轴，其不发生屈服的最大许可载荷为 M_e，若将其横截面面积增加 1 倍，则最大许可载荷应当为_____。

【A】$\sqrt{2}M_e$；　　【B】$2M_e$；

【C】$2\sqrt{2}M_e$；　　【D】$4M_e$。

（3）一根等直的传动轴上，主动轮分别在 B、D 截面，从动轮分别在 A、C、E 截面。设主动轮 B、D 上的输入功率相等，从动轮 A、C、E 上的输出功率也相等，只考虑扭转的条件下，则危险截面的位置_____。

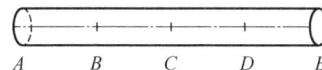

【A】仅 AB 区段；　　【B】BC 区段；

【C】CD 区段；　　【D】AB 区段和 DE 区段。

（4）受扭圆轴上贴有三个应变片，如图所示。实测时_____应变片的读数几乎为零。

【A】1 和 2；　　【B】2 和 3；

【C】1 和 3；　　【D】1、2 和 3。

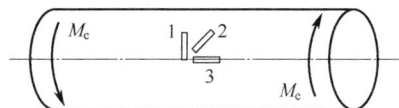

（5）在圆轴的表面画上一个图示的微小正方形，受扭时该正方形_____。

【A】保持为正方形；　　【B】变为矩形；

【C】变为菱形；　　【D】变为平行四边形。

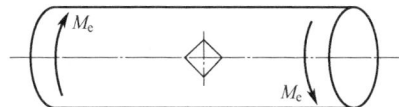

【3-2 类】计算题（外力偶矩的换算、求扭矩、绘制扭矩图）

传动轴转速 $n = 300\text{r}/\min$ [或：　]，主动轮 A 输入功率 $P_A = 60\text{kW}$，

— 3 —

三个从动轮 B、C、D 输出功率分别为 $P_B = 10\text{kW}$，$P_C = 20\text{kW}$，$P_D = 30\text{kW}$。试求各指定截面上的内力扭矩，并绘该轴的扭矩图。

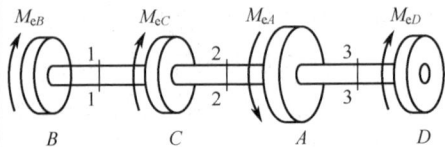

【3-3 类】计算题（应力计算、强度计算和求变形、刚度计算）

[3-3-1] 圆轴截面直径 $d = 50\text{mm}$，如图所示，两端受 $M_e = 1\text{kN} \cdot \text{m}$ 的外力偶矩的作用，材料的切变模量 $G = 80\text{GPa}$。

试求：（1）横截面上半径 $\rho_A = d/4$ [或：　　　] A 点处的切应力和切应变。

（2）该截面上最大切应力和该轴的单位长度扭转角。

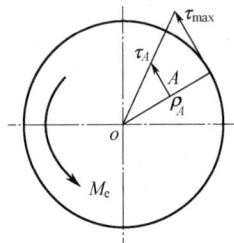

[3-3-2] 圆轴的直径 $d = 50\text{mm}$ ，转速为 $n = 120\text{r/min}$ 。若该轴横截面上的最大切应力等于 $\tau_{\max} = 60\text{MPa}$ [或：　　] ，试问所传递的功率 P 为多少?

[3-3-3] 一空心圆轴的外径 $D = 90\text{mm}$ ，内径 $d = 60\text{mm}$ [或：　　] ，试计算该轴的抗扭截面系数 W_t。若在横截面面积不变的情况下，改用实心圆轴，试比较两者的抗扭截面系数。

[3-3-4] 空心钢轴的外径 $D=100\text{mm}$ ，内径 $d=50\text{mm}$ 。已知该轴上间距为 $l=2.7\text{m}$ 的两横截面的相对扭转角 $\varphi=1.8°$ [或：　　　　]，材料的切变模量 $G=80\text{GPa}$ 。试求：(1) 轴内的最大切应力。(2) 当轴以 $n=80\text{r/min}$ 的转速旋转时，轴所传递的功率。

[3-3-5] 如图所示外径 $D=200\text{mm}$ 的圆轴，其中 AB 段为实心，BC 段为空心，且内径 $d=50\text{mm}$ ，已知材料许用切应力为 $[\tau]=50\text{MPa}$ [或：　　　　]，求 M_e 的许可值。

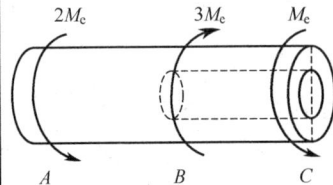

[3-3-6] 已知空心圆轴的外径 $D=76\text{mm}$，壁厚 $\delta=2.5\text{mm}$，承受外力偶矩 $M_e=2\text{kN}\cdot\text{m}$ 作用，材料的许用切应力 $[\tau]=100\text{MPa}$，切变模量 $G=80\text{GPa}$，许可单位扭转角 $[\theta]=2(°)/\text{m}$ [或：　　　]。

试求：（1）校核此轴的强度和刚度。（2）如改用实心圆轴，且使强度和刚度保持不变，试设计轴的直径。

[3-3-7] 如图所示，一外径 $D=50\text{mm}$、内径 $d=30\text{mm}$ 的空心钢轴，在扭转力偶矩 $M_e=1600\text{N}\cdot\text{m}$ 的作用下，测得相距 $l=200\text{mm}$ 的 A、B 两截面间的相对转角 $\varphi=0.4°$ [或：　　　]，已知钢的弹性模量 $E=210\text{GPa}$。试求材料泊松比 μ。

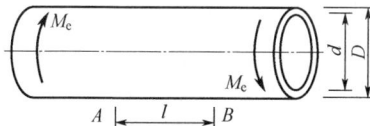

[3-3-8] 图示一等直圆杆，已知 $d = 40\text{mm}$，$a = 400\text{mm}$，$G = 80\text{GPa}$，$\varphi_{BD} = 1°$ [或：　　]。试求：（1）最大切应力。（2）截面 A 相对于截面 C 的扭转角 φ_{AC}。

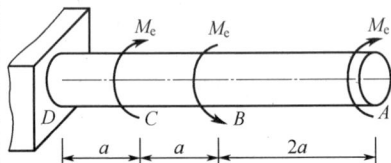

[3-3-9] 直径 $d = 50\text{mm}$、杆长 $l = 6\text{ m}$ 的等直圆杆，在自由端承受一外力偶矩 $M_e = 1.2\text{kN}\cdot\text{m}$ 时，而在圆杆表面上的 B 点移动到了 B' 点，如图所示。已知 $\Delta s = BB' = 6.3\text{mm}$ [或：　　]，材料的弹性模量 $E = 200\text{GPa}$。试求钢材的切变模量 G 和泊松比 μ。

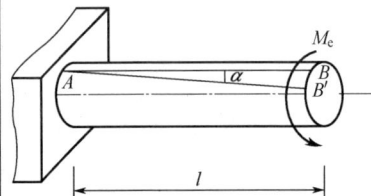

※[3-3-10] 长度相等的两根受扭圆轴，一为空心圆轴，一为实心圆轴，两者材料相同，受力情况也一样。实心圆轴直径为 d；空心圆轴外径为 D，内径为 d_0，且 $d_0/D=0.8$ [或：　　　]。试求当空心圆轴与实心圆轴的最大切应力均达到材料的许用切应力（$\tau_{max}=[\tau]$），扭矩 T 相等时的重量比和刚度比。

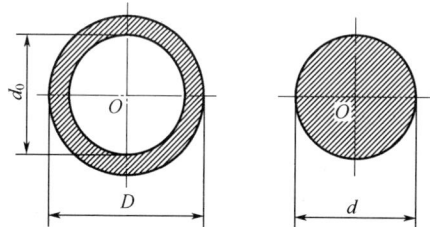

※[3-3-11] 有一壁厚为 $\delta=25$mm [或：　　　]、内径为 $d=250$mm 的空心薄壁圆管，其长度为 $l=1$m，作用在轴两端面内的外力偶矩为 $M_e=180$kN·m。试确定管中的最大切应力，并求管内的应变能。已知材料的切变模量 $G=80$GPa。

※【3-4 类】计算题（扭转超静定问题）

如图所示阶梯形圆形组合实心轴，A、C 两端固定，B 端面处作用外力偶矩 $M_e = 900\text{N} \cdot \text{m}$ [或：　　]，相应段的长度、直径、切变模量分别为：$l_1 = 1.2\text{m}$，$l_2 = 1.5\text{m}$，$d_1 = 25\text{mm}$，$d_2 = 37.5\text{mm}$，$G_1 = 80\text{GPa}$，$G_2 = 40\text{GPa}$。试求该组合实心轴中的最大切应力。

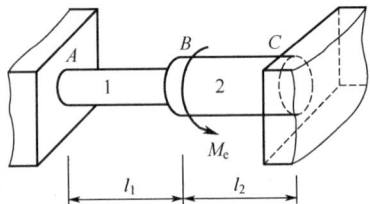

☆【3-5 类】计算题（非圆截面杆扭转）

[3-5-1] 图示矩形截面杆受 $M_e = 3\text{kN} \cdot \text{m}$ [或：　　] 的一对外力偶作用，材料的切变模量 $G = 80\text{GPa}$。求：（1）杆内最大切应力的大小、位置和方向。（2）横截面短边中点的切应力。（3）单位长度扭转角。

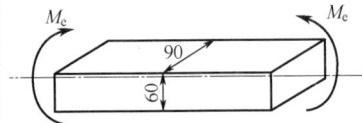

[3-5-2] 图示一等厚闭口薄壁杆，两端受扭转力偶作用，杆的最大切应力为 60MPa[或：　　]。求：（1）其扭转力偶矩 M_e。（2）若在杆上沿素线切开一条缝 AB，试问开口后扭转力偶矩是多少？

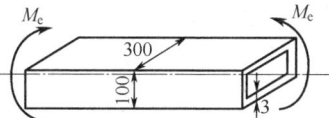

[3-5-3] 图示一个 T 形薄壁截面杆，长 $L = 2m$，在两端受扭转力偶作用，杆的扭矩为 $T = 0.2kN \cdot m$，材料的切变模量 $G = 8 \times 10^4 MPa$。求此杆在自由扭转时的最大切应力及扭转角。

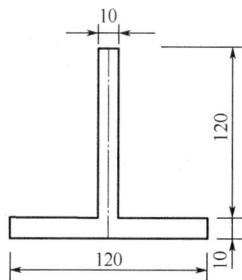

第4章　平面图形的几何性质

[本章重点]

本章只是将本课程中所涉及的各类平面图形的几何性质进行集中定义和重新归类。

（1）重点是快捷地计算简单图形、组合图形的几何性质。

（2）在计算组合图形几何性质时，一般会涉及平行移轴公式。

（3）掌握主惯性轴、主惯性矩、形心主惯性轴、形心主惯性矩的定义及计算，以及杆件横截面的形心主惯性轴、形心主惯性矩和杆件横截面的形心主惯性轴与杆件轴线所确定的形心主惯性平面。

[本章难点]

难点为转轴公式，确定一般图形形心主惯性轴，计算形心主惯性矩。

[本章考点]

平面图形几何性质是强度、刚度和稳定性分析的必备知识。

（1）可以是考察基本概念或是单独计算图形几何性质。

（2）可在计算题中（如弯曲强度）计算图形的几何性质。

为此应当熟练掌握简单图形（矩形、圆形等）和由简单图形组成的组合图形（如"I""T""U"形等）的几何性质的求解，尤其是应用平行移轴公式确定图形形心以及静矩、形心主惯性矩等。

[本章习题分类与解题要点]

本章计算题大致分为**两类**：

（1）**确定组合图形的形心位置、一次矩的计算**。注意在图中要标明坐标轴，并正确应用负面积法。

（2）**二次矩的计算**。可以是简单图形惯性矩、极惯性矩或惯性积的计算；也可能是组合图形惯性矩、惯性积的计算。在确定了形心之后，确定形心主惯性轴，通过平行移轴，确定各部分对形心主惯轴的惯性矩，最终确定图形的形心主惯性矩。

[4-1类] 选择题（一）

（1）关于平面图形的结论中，_____是错误的。

【A】图形对称轴必定通过形心；

【B】图形两个对称轴的交点必为形心；

【C】图形对其对称轴的静矩为零；

【D】使静矩为零的轴必为对称轴。

（2）各圆半径相等，在图_____所示的坐标系中，圆的 S_z 为正，S_y 为负。

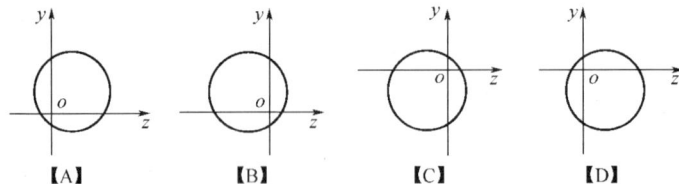

（3）在平面图形的几何性质中，_____的值可正，可负，也可为零。

【A】静矩和惯性矩；　　　　【B】极惯性矩和惯性矩；

【C】惯性矩和惯性积；　　　【D】静矩和惯性积。

（4）若截面图形有对称轴，则图形对其对称轴的_____。

【A】静矩为零，惯性矩不为零；

【B】静矩不为零，惯性矩为零；

【C】静矩和惯性矩均为零；

【D】静矩和惯性矩均不为零。

（5）图示任意图形的面积为 A，形心 C 到 z 轴的距离为 a，设其对 z 轴的静矩为 S_z，惯性矩为 I_z，则_____。

【A】$S_z = Aa, I_z = Aa^2$；　　　【B】$S_z \neq Aa, I_z = Aa^2$；

【C】$S_z = Aa, I_z \neq Aa^2$；　　　【D】$S_z \neq Aa, I_z \neq Aa^2$。

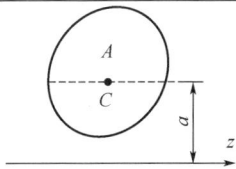

（6）任意形状图形及其坐标轴如图所示，其中 z 轴平行于 z' 轴. 若已知图形的面积为 A，对 z 轴的惯性矩为 I_z，则该图形对 z' 轴的惯性矩 $I_z=$_____。

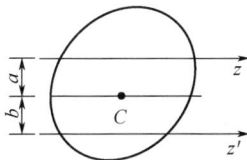

【A】$I_z + (a^2 + b^2)A$；　　　　【B】$I_z + (a^2 - b^2)A$；

【C】$I_z - (a^2 + b^2)A$；　　　　【D】$I_z - (a^2 - b^2)A$。

（7）在平面图形对通过某点的所有轴的惯性矩中，图形对主惯性轴的惯性矩一定_____。

【A】最大；　　　　　　　【B】最小；

【C】最大或最小；　　　　【D】为零。

※【4-1 类】选择题（二）

（1）下列两图形对各自形心轴 y、z 轴的轴惯性矩之间的关系为_____。

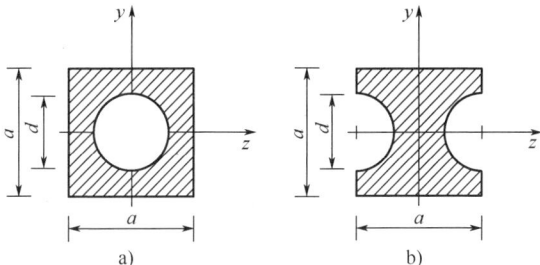

a)　　　　　　　　　　b)

【A】$(I_y)_a > (I_y)_b$，　$(I_z)_a > (I_z)_b$；

【B】$(I_y)_a = (I_y)_b$，　$(I_z)_a > (I_z)_b$；

【C】$(I_y)_a < (I_y)_b$，　$(I_z)_a < (I_z)_b$；

【D】$(I_y)_a = (I_y)_b$，　$(I_z)_a < (I_z)_b$。

（2）图示矩形图形，在图_____所示的坐标系中，其 $I_{zy} > 0$。

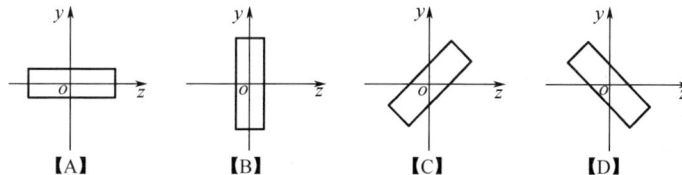

【A】　　　　【B】　　　　【C】　　　　【D】

（3）设图示 $ABoF$ 和 $CDEo$ 两个矩形的面积相等，则它们对 y、z 轴惯性积 I_{zy} 的_____。

【A】数值相等，正负不同；

【B】数值不等，正负不同；

【C】数值相等，正负相同；

【D】数值不等，正负相同。

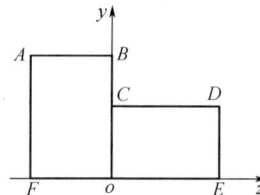

（4）任意图形，若对某一对正交坐标轴的惯性积为零，则这一对坐标轴一定是该图形的_____。

【A】形心轴；　　　　　　【B】主惯性轴；

【C】形心主惯性轴；　　　【D】对称轴。

（5）图示任意形状截面，若 y、z 轴为一对形心主惯性轴，则

_____不是一对主惯性轴。

【A】zoy；　　　　　　　　　　【B】zo_1y；

【C】$z_1o_3y_1$；　　　　　　　　【D】z_1o_2y。

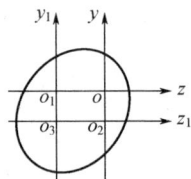

（6）图示矩形截面图形，o 为形心，其中_____是一对主惯性轴。

【A】$y_1o_1z_1$；　　　　　　　　【B】y_2oz_3；

【C】$y_2o_2z_1$；　　　　　　　　【D】y_3oz_3。

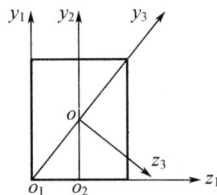

【4-2 类】计算题（确定组合图形的形心位置、一次矩的计算）

[4-2-1] 试求图 a、b 所示平面图形的形心的 y_C 值。

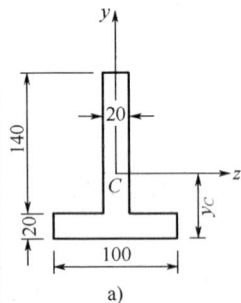

a)

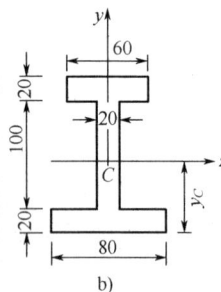

b)

[4-2-2] 为使 y 轴成为图形的形心轴，求出应去掉的 a 值。

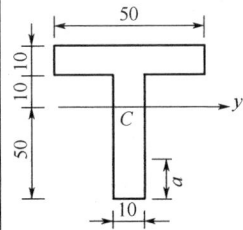

[4-2-3] 试求图示各截面的阴影线面积对 z 轴的静矩。

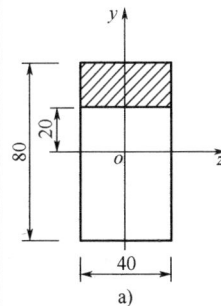

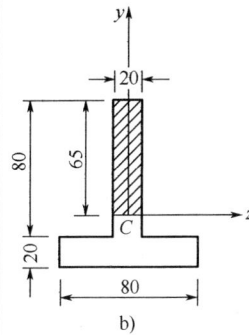

a)

b)

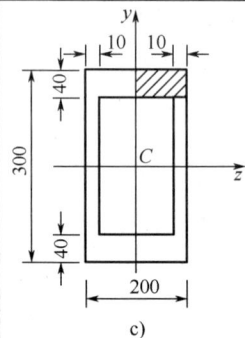

c)

【4-3 类】计算题（二次矩的计算）

[4-3-1] 已知图示截面的形心为 C，面积为 A，其对 z 轴的惯性矩为 I_z，试写出截面对 z_1 轴的惯性矩 I_{z1}。

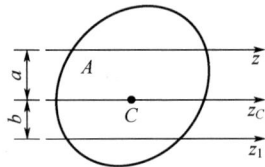

[4-3-2] 已知图示矩形对 y_1 轴的惯性矩 $I_{y1}=2.67\times10^6\text{mm}^4$[或：　　]，试求图形对 y_2 轴的惯性矩 I_{y2}。

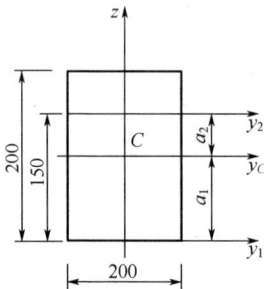

[4-3-3] 试分别求图 a～c 示各种图形截面对 z 轴的惯性矩。

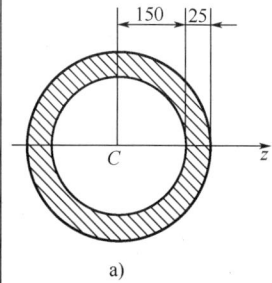

a)

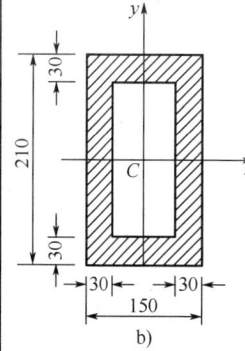

b)

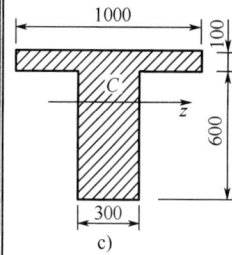

c)

[4-3-4] 图示 T 形截面，尺寸如图。求形心主惯性矩 I_{zC} 和 I_{yC}。

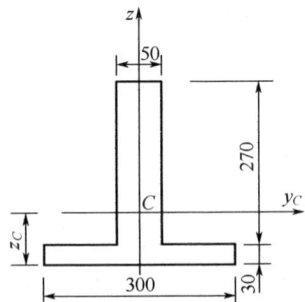

※[4-3-5] 计算图 a、b 所示图形对 y、z 轴的惯性积 I_{yz}。

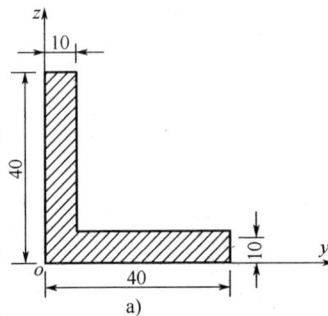

a)

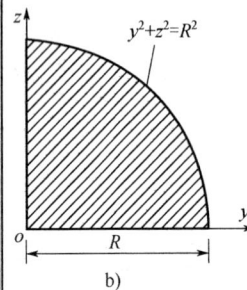

$y^2+z^2=R^2$

b)

※[4-3-6] 试确定图示图形通过坐标原点 o 的主惯性轴的位置，并计算主惯性矩 I_{yo} 和 I_{zo} 值。

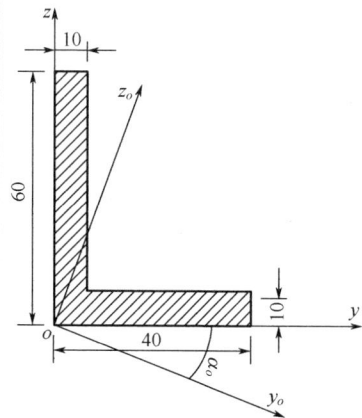

※[4-3-7] 图示槽形截面，求其对 y_c 轴的惯性矩。计算时若忽略水平翼板对自身形心轴的惯性矩，则前后结果间的误差为多大？

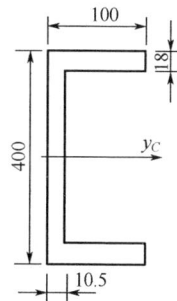

※[4-3-8] 试求图示图形对其对称轴 y 的惯性矩及惯性半径，并将结果与型钢表中的相应工字钢数据进行比较。

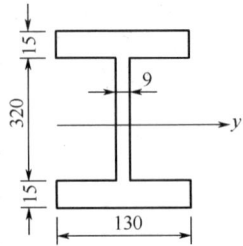

※[4-3-9] 确定图示直角形截面的形心主惯性轴，并求主惯性矩。

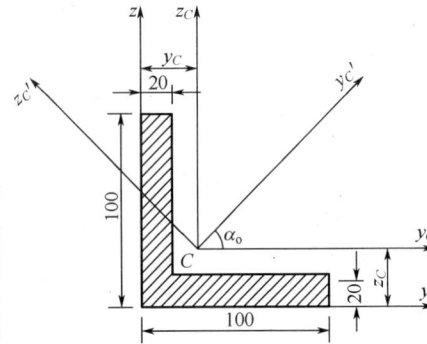

第6章　弯曲应力

[本章重点]

弯曲强度的计算。计算横力弯曲时的弯曲强度要同时考虑弯曲正应力与弯曲切应力。

（1）基于弯曲正应力的计算，首先要通过弯矩图找出危险截面（M_{max} 所在面），其次找出危险截面上的危险点（σ_{max} 所在点），用该点的应力 σ_{max} 进行强度计算。对于不对称截面，要特别注意其中性轴位置的确定，距中性轴最远点的确定及形心主惯性矩的计算。

（2）基于弯曲切应力的计算，首先要通过剪力图确定危险截面（$F_{s\,max}$ 所在面），其次找出危险截面上的危险点（τ_{max} 所在点），用该点的应力 τ_{max} 进行剪切强度计算。

（3）细节注意。最大弯矩所在的面，不一定是最大剪力所在的面；S_z^* 的计算；一些常见截面的 τ_{max} 结果应熟记，而对 I 形截面梁 T 形截面梁，要注意在其翼缘与腹板交界处切应力的计算（为分析组合变形时应用强度理论打下基础，同时截面上任一处切应力的计算也为剪流大小的确定，进而为确定弯曲中心奠定基础）。

[本章难点]

正确确定危险截面及危险点。在此基础上，正确计算出强度条件中有关诸多截面参数。对于空间问题，要注意弯矩和惯性矩与坐标轴应对应。

[本章考点]

（1）弯曲强度是弯曲部分的重点，要求熟练掌握其内容。无论是课程考试或考研试题，一般本章内容必不可少，尤其是横截面几何形状上、下不对称的 T 形梁、I 形梁最为多见。要求考生正确画出内力图，确定危险截面（最大正、负弯矩所在面）及危险截面上的应力分布情况，确定危险点，计算最大拉应力、压应力，进行强度校核、截面设计或载荷估计。

（2）细节注意。强度条件一般包含正应力和切应力两部分，应全面考虑（除非题目只要求基于正应力强度条件进行强度计算）。因此也要掌握最大切应力的计算及切应力的分布规律，并熟记四种常见截面最大切应力和平均切应力比值，以便快捷确定最大切应力。掌握图形形心、静矩与惯性矩的概念与计算。熟记圆形、矩形截面的形心主惯性矩，掌握利用平行移轴和转轴公式计算组合图形的形心主惯性矩。

[本章的习题分类与解题要点]

本章计算题大致分为以下四类：

（1）**基于弯曲正应力强度条件及计算**。应正确理解公式中各个符号的物理意义及适用范围，并注意变形几何关系的直接应用；危险截面及危险点的确定；T 形、I 形等单对称轴形心主惯性矩的计算及 $y_{t\,max}$ 和 $y_{c\,max}$ 的确定。

（2）**基于弯曲切应力强度条件及计算**。注重 $F_{s\,max}$ 的确定（不一定与 M_{max} 同面）、S_z^* 或 $S_{z\,max}^*$ 的计算、切应力互等定理的应用（弯曲中心的确定的关键是切应力分布规律及其切应力合力的计算）。

（3）**同时考虑正应力和切应力两种强度条件及计算**。强度校核时应同时进行。在截面设计和载荷估计中，一般以正应力强度条件设计或估计，而以切应力强度条件进行校核即可，或者同时用两个强度条件进行设计或估计，此时截面设计应选大而载荷估计则应选小。

（4）**提高梁的弯曲强度措施**。诸如同截面如何放置、辅梁长度的设计、支座的合理安排、最佳截面尺寸的选择、等强度梁等，以提高强度（如合理选择截面使 W 增大，或使 W/A 增大，使最大弯矩 M_{max} 最小等）。

【6-1 类】选择题（一）

（1）当横向力作用于杆件的纵向对称面内时，关于杆件横截面上的内力与应力有以下四个结论，其中_____是错误的。

【A】若有弯矩，则必有正应力；

【B】若有正应力，必有弯矩；

【注】：书中凡标"※"为相对于少、中学时有一定难度的基本部分或专题部分内容；书中凡标"☆"属专题部分内容，主要供多、中学时选用。

【C】若有弯矩，必有切应力；

【D】若有剪力，则必有切应力。

（2）在下列四种情况中，_____称为纯弯曲。

【A】载荷作用在梁的纵向对称面内；

【B】载荷仅有集中力偶，而无集中力和分布载荷；

【C】梁只发生弯曲，不发生扭转和拉压变形；

【D】梁的各个截面上均无剪力，且弯矩为常量。

（3）梁横力弯曲时，其横截面上_____。

【A】只有正应力，无切应力；

【B】只有切应力，无正应力；

【C】既有正应力，又有切应力；

【D】既无正应力，也无切应力。

（4）由梁的平面假设可知，梁纯弯曲时，其横截面_____。

【A】保持平面，且与梁轴正交；

【B】保持平面，且形状、大小不变；

【C】保持平面，只作平行移动；

【D】形状、尺寸不变，且与梁轴正交。

（5）设某段梁承受正弯矩的作用，则靠近梁顶面和靠近梁底面的纵向纤维_____。

【A】分别是伸长、缩短的；　【B】分别是缩短、伸长的；

【C】均是伸长的；　　　　【D】均是缩短的。

（6）中性轴是梁的_____的交线。

【A】纵向对称面与横截面；

【B】纵向对称面与中性层；

【C】横截面与中性层；

【D】横截面与顶面或底面。

（7）梁发生平面弯曲时，其横截面绕_____旋转。

【A】梁的轴线；　　　【B】中性轴；

【C】截面的对称轴；　　【D】截面的上（或下）边缘。

（8）在梁的正应力公式 $\sigma = \dfrac{My}{I_z}$ 中，I_z 为梁截面对_____的惯性矩。

【A】形心轴；　　　　　【B】对称轴；

【C】中性轴；　　　　　【D】形心主惯轴。

（9）悬臂梁受力如图所示，其中_____。

【A】AB 段是纯弯曲，BC 段是横力弯曲；

【B】AB 段是横力弯曲，BC 段是纯弯曲；

【C】全梁均是纯弯曲；

【D】全梁均为横力弯曲。

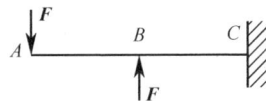

（10）若直梁的抗弯刚度 EI 沿杆轴为常量，则发生对称纯弯曲变形后梁轴_____。

【A】为圆弧线，且长度不变；

【B】为圆弧线，而长度改变；

【C】不是圆弧线，但长度不变；

【D】不是圆弧线，且长度改变。

（11）图示矩形截面，若其高度 h 不变，宽度由 b 减小为 0.5b，则其抗弯截面系数 W_z、W_y 分别减为原来的_____。

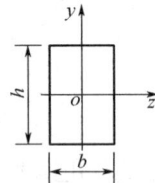

【A】$\dfrac{1}{2}$，$\dfrac{1}{8}$；　　　　【B】$\dfrac{1}{2}$，$\dfrac{1}{4}$；

【C】$\dfrac{1}{4}$，$\dfrac{1}{8}$；　　　　　　　【D】$\dfrac{1}{4}$，$\dfrac{1}{2}$。

（12）三根正方形截面梁如图所示，其长度、横截面面积和受力状态相同，其中图b、c所示梁的截面为两个形状相同的矩形拼合面成，但拼合面未胶接。在这三根梁中，_____梁内的最大正应力相等。

　　【A】a和b；　　　　　　　　【B】b和a；

　　【C】a和c；　　　　　　　　【D】a、b和c。

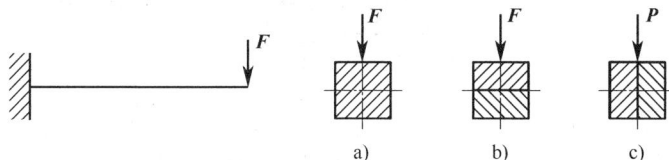

a)　　　　　b)　　　　　c)

（13）等直实体梁发生平面弯曲变形的充分必要条件是_____。

【A】梁有纵向对称面；

【B】载荷均作用在同一纵向对称面内；

【C】载荷作用在同一平面内；

【D】载荷均作用在形心主惯性平面内。

（14）图示 U 形截面梁在平面弯曲时，截面上的正应力分布如图所示。

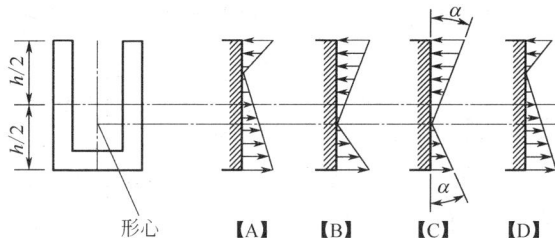

形心　　【A】　　【B】　　【C】　　【D】

（15）设图 a、b 所示两根梁的许可载荷分别为$[P_1]$和$[P_2]$，若二梁的材料相同，则$[P_2]/[P_1]=$_____。

【A】2；　　　【B】4；　　　【C】8；　　　【D】16。

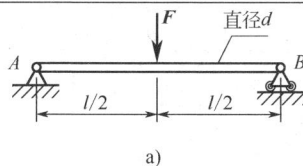
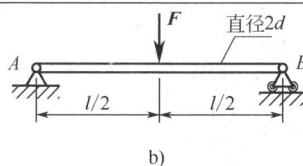

a)　　　　　　　　　　　　　　b)

（16）用梁的弯曲正应力强度条件 $\sigma_{\max}=\dfrac{M_{\max}}{W_z}\leqslant[\sigma]$ _____。

【A】只能确定梁的许可载荷；

【B】只能校核梁的强度；

【C】只能设计梁的截面尺寸；

【D】可以解决以上三方面的问题。

（17）矩形截面梁，若截面高度和宽度都增加一倍，则其强度将提高到原来的_____倍。

【A】2；　　【B】4；　　【C】8；　　【D】16。

（18）下列四种截面梁，其材料和横截面面积相等．从强度观点考虑，图_____示截面梁在铅直面内所能够承担的最大弯矩值最大。

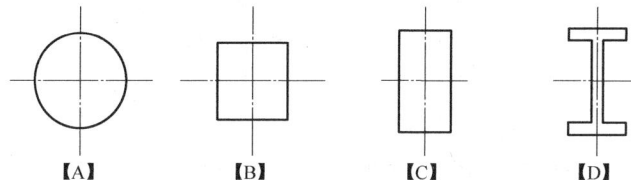

【A】　　　　【B】　　　　【C】　　　　【D】

（19）对于等直梁，在以下情况中，_____是错误的。

【A】梁内最大正应力值必出现在弯矩值最大的截面上；

【B】梁内最大切应力值必出现在剪力值最大的截面上；

【C】梁内最大正应力值和最大切应力值不一定出现在同一截面上；

【D】在同一截面上不可能同时出现梁内最大正应力值和最大切应力。

※【6-1类】选择题（二）

（1）图示截面的抗弯截面系数$W_z=$_____。

— 23 —

【A】$\dfrac{\pi d^3}{32}-\dfrac{bh^2}{6}$；　　　　　　【B】$\dfrac{1}{6}\left(\dfrac{\pi d^3}{32}-\dfrac{bh^2}{6}\right)$；

【C】$\dfrac{\pi d^4}{64}-\dfrac{bh^3}{12}$；　　　　　　【D】$\dfrac{1}{h}\left(\dfrac{\pi d^4}{32}-\dfrac{bh^3}{6}\right)$。

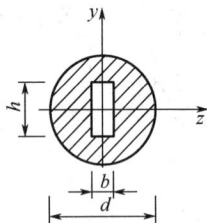

（2）图 a、b 所示两个面积相等的正方形截面对 z 轴的_____。

【A】I_z 相等，W_z 不等；　　　　【B】I_z 相等，W_z 相等；

【C】I_z 不等，W_z 相等；　　　　【D】I_z 不等，W_z 不等。

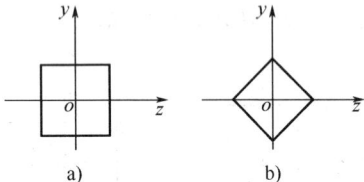

a)　　　　　　b)

（3）梁在横力弯曲时，若应力超过材料的比例极限，则正应力公式和切应力公式中_____。

【A】前者不适用，后者适用；　　【B】都适用；

【C】前者适用，后者不适用；　　【D】都不适用。

（4）T 形截面梁在横力弯曲时，其横截面上的_____。

【A】σ_{max} 发生在离中性轴最远的点处，τ_{max} 发生在中性轴上；

【B】σ_{max} 发生在中性轴上，τ_{max} 发生在离中性轴最远的点处；

【C】σ_{max} 和 τ_{max} 均发生在离中性轴远的点处；

【D】σ_{max} 和 τ_{max} 均发生在中性轴上。

（5）矩形截面简支梁只受一个集中力偶 M_e 作用，当集中力偶 M_e 在 BC 段任意移动时，AC 段各个横截面上的_____。

【A】最大正应力变化，最大切应力不变；

【B】最大正应力不变，最大切应力变化；

【C】最大正应力和切应力都变化；

【D】最大正应力和切应力都不变。

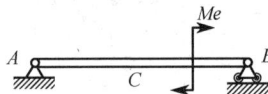

（6）在下列诸因素中，截面的弯曲中心仅与_____有关。

【A】横向载荷的大小；　　　　【B】材料性质；

【C】截面形状；　　　　　　　【D】杆的长度。

（7）下列关于特殊情况下截面弯曲中心的结论，_____是错误的。

【A】若横截面有一根对称轴，则弯曲中心必位于该对称轴上；

【B】若横截面有二根对称轴，则弯曲中心必与形心重合；

【C】若横截面由两个狭长矩形组成，则弯曲中心必是二矩形中线交点；

【D】若截面关于某点反对称，则弯曲中心肯定不是该点。

（8）工字形截面梁平面弯曲时，若横截面上的剪力 F_s 向上，则剪力流如图_____所示。

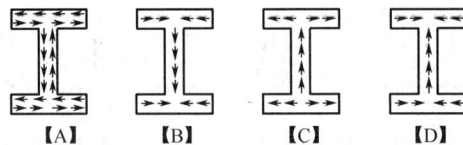

【A】　　【B】　　【C】　　【D】

（9）连续梁 ACB 由铝杆 AC 和钢杆 BC 铰接而成，在铰链 C 的右侧附近作用一集中力 P，如图 a 所示；若将 P 力移至 C 的左侧附近，如图 b 所示，则梁的正应力强度条件和切应力强度条件分别_____。

【A】不变和改变；　　　　　　　【B】不变和不变；

【C】改变和不变；　　　　　　　【D】改变和改变。

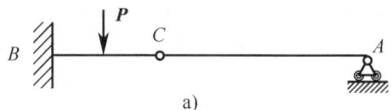

a)

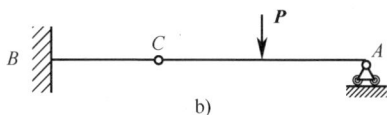

b)

【6-2 类】计算题（正应力强度条件与计算）

[6-2-1] 试确定图示箱式截面梁的许可载荷 q，已知 $[\sigma]=160\text{MPa}$。

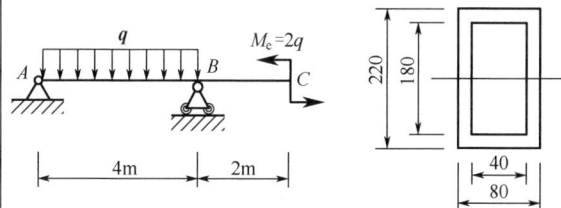

[6-2-2] 两矩形等截面梁，尺寸和材料的许用应力 $[\sigma]$、E 均相等，但放置如图 a、b 所示。按弯曲正应力强度条件确定两者许可载荷之比 F_1/F_2。

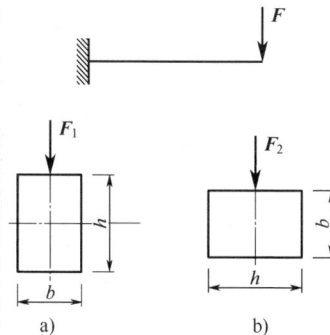

a)　　　　　　　b)

[6-2-3] No.20a[或：　　]工字钢梁的支承和受力情况如图所示。若 $[\sigma]=160\text{MPa}$，试求许可载荷 F。

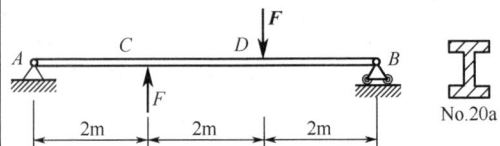

No.20a

[6-2-4] 已知一外伸梁截面形状和受力情况如图所示。试作梁的 F_S、M 图，并求梁内最大弯曲正应力。其中 $q=60\text{kN/m}$ [或：　　]，$a=1\text{m}$。

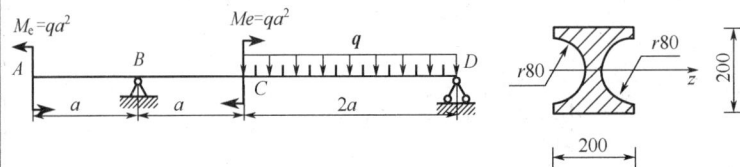

[6-2-5] 简支梁承受均布载荷如图所示。若分别采用截面面积相等的实心和空心圆截面，且 $D_1 = 40\text{mm}$，$d_2/D_2 = 3/5$ [或：　　]，试分别计算它们的最大正应力；并问空心截面比实心截面的最大正应力减小了百分之几？

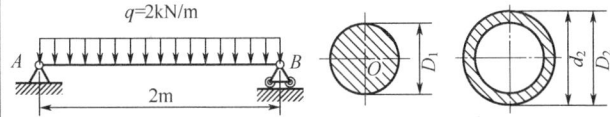

[6-2-6] T 形横截面简支梁其受力情况及截面尺寸如图，已知 $[\sigma_t] = 100\text{MPa}$，$[\sigma_c] = 180\text{MPa}$ [或：　　]，截面图中 z 轴为形心轴，尺寸单位为 mm。试画出 F_s、M 图，并校核梁的强度。

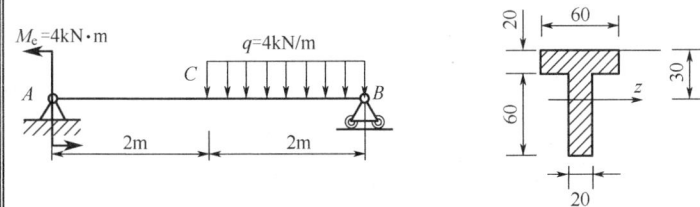

[6-2-7] 承受纯弯曲的铸铁"⊥"形梁及截面尺寸如图所示，其材料的拉伸和压缩许用应力之比 $[\sigma_t]/[\sigma_c]=1/4$ [或：　　　]。试求其水平翼板的合理宽度 b。

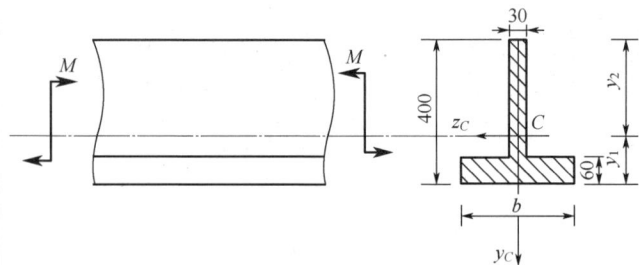

[6-2-8] 图示一由 No.16 工字钢制成的简支梁承受集中载荷 F。在梁的 C 截面处下边缘上，用标距 $s=20\text{mm}$ 的应变仪量得其纵向伸长量 $\Delta s=0.008\text{mm}$ [或：　　　]。已知梁的跨长 $l=2\text{m}$，$a=1.5\text{m}$，弹性模量 $E=210\text{GPa}$。试求 F 力的大小。

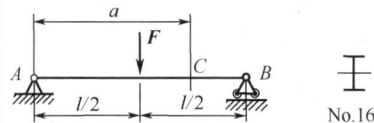

No.16

[6-2-9] 简支梁的载荷情况及尺寸如图所示，其弹性模量为 E。试求 AB 梁的下边缘[或：　　　]的总伸长。

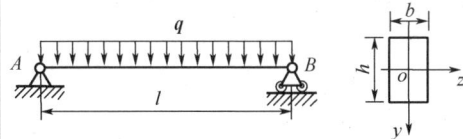

【6-3 类】计算题（切应力强度条件与计算）

[6-3-1] "⊥" 形截面铸铁悬臂梁，尺寸及载荷如图所示。若材料的许用拉应力 $[\sigma_t]=40\text{MPa}$，许用压应力 $[\sigma_c]=160\text{MPa}$ [或：　　　]，截面对形心轴 z_C 的惯性矩 $I_{zC}=10180\text{cm}^4$，且 $h_1=9.64\text{cm}$。试计算：（1）该梁的许可载荷 F。（2）梁在该许可载荷作用下的最大切应力。

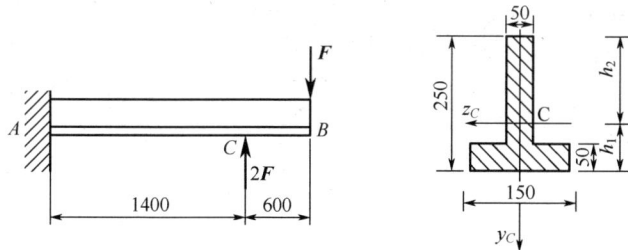

[6-3-2] 一外伸梁，其横截面如图所示，$a = 600\text{mm}$ [或：　　]，材料的 $[\sigma] = 160\text{MPa}$。试求当梁截面上的最大弯曲正应力等于 $[\sigma]$ 时，梁 D 截面上 K 点的切应力（K 点到 z 轴的距离稍小于 40mm）。

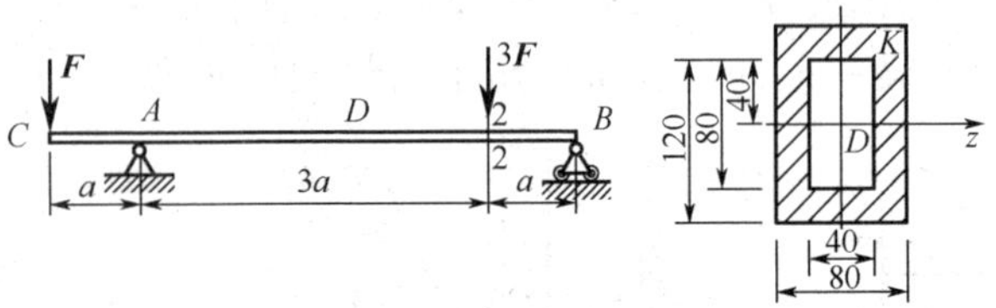

※【6-4 类】计算题（正应力和切应力两种强度条件与计算）

[6-4-1] 一矩形截面木梁，其截面尺寸及载荷如图所示，已知 $q = 1.3\text{kN/m}$，$[\sigma] = 10\text{MPa}$，$[\tau] = 2\text{MPa}$ [或：　　]。试校核梁的正应力和切应力强度。

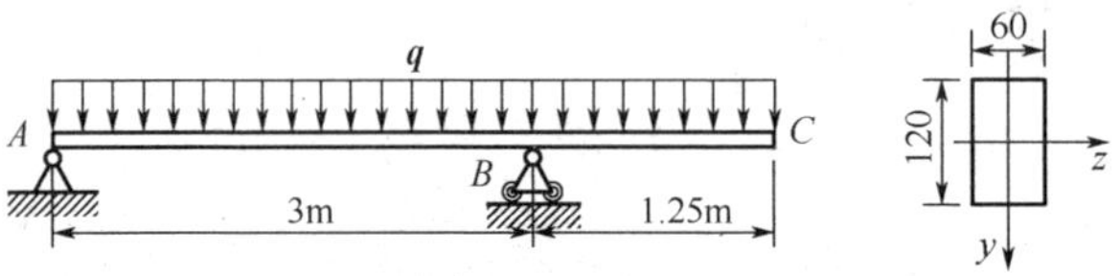

[6-4-2] 图示木梁受移动载荷 $F=40$ kN 作用。已知木材的许用应力 $[\sigma]=10$ MPa，许用切应力 $[\tau]=3$ MPa，木梁的横截面为矩形截面，其高宽比 $h/b=3/2$ [或：　　　]。试确定此梁的横截面尺寸。

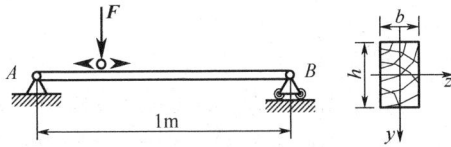

第 8 章　应力状态与强度理论

[本章重点]

本章重点是掌握应力状态分析（二向应力状态下斜截面上的应力、主应力、主平面方位及最大切应力的计算）的解析法和图解法；能够用广义胡克定律求解应力和应变关系；理解强度理论的概念，能够按材料可能发生的破坏形式选择适当的强度理论。

[本章难点]

（1）主平面方位的判断。当由解析法求主平面方位时，结果有两个相差 90° 的方位角，一般不容易直接判断出它们分别对应哪一个主应力，除去直接将两个方位角代入公式中验算确定的方法外，最简明直观的方法是利用应力圆（草图）判定。

（2）最大切应力。无论何种应力状态，最大切应力均为 $\tau_{\max}=(\sigma_1-\sigma_3)/2$，而由导数 $\mathrm{d}\tau_\alpha/\mathrm{d}\alpha=0$ 得到的切应力只是单元体在 oxy 坐标平面内的最大切应力。要特别注意：面内最大切应力不一定是一点的所有方位面中切应力的最大值。

[本章考点]

（1）能够从构件中准确地截取一点的单元体。

（2）二向应力状态下求解主应力、主平面方位，并用主单元体表示；计算单元体任意斜截面上的应力分量，计算单元体的最大切应力。

（3）广义胡克定律的应用，求主应变等。

（4）选择适当的强度理论进行复杂应力状态下的强度计算，或分析其强度破坏问题的原因，或判断截面破坏方位。

[本章习题分类与解题要点]

本章**计算题**大致可分为四类：

（1）**从构件中截取单元体**（一般沿构件横截面截取一正六面体）。根据轴力、弯矩判断横截面上的正应力方向，由扭矩、剪力判断切应力方向，单元体其他侧面上的应力分量由力平衡和切应力互等定理来确定。注意当单元体包括构件自由表面时，其上应力分量均为零。

（2）**对复杂应力状态进行分析**。以平面应力分析为主，特殊空间应力分析为辅，定量精确分析时选用解析法，定性粗略分析时选用图解法作应力圆。

（3）**广义胡克定律的应用**。在求解应力与应变关系中，不论构件的受力状态如何，均可采用广义胡克定律，避免产生不必要错误。

（4）**强度理论的应用**。对于分析破坏原因题目，一般先分析危险点的应力状态，根据应力状态和材料性质，判断可能发生哪种类型的破坏，并选用相应的强度理论加以解释。强度理论的应用一般涉及第 9 章组合变形中构件的强度分析。对于薄壁容器的强度分析，可利用整体的对称性，横截面上无切应力，即只有主应力，可选择第三或第四强度理论进行强度计算。

【8-1 类】选择题（一）

（1）在下列关于单元体的说法中，______是正确的。

【A】单元体的形状必须是正六面体；

【B】单元体的各个面必须包含一对横截面；

【C】单元体的各个面中必须有一对平行面；

【D】单元体的三维尺寸必须为无穷小。

（2）一般而言，过受力构件内任一点方位不同的______。

【A】正应力相同，切应力不同；

【B】正应力不同，切应力相同；

【C】正应力和切应力均相同；

【D】正应力和切应力均不同。

（3）在单元体上，可以认为______。

【A】每个面上的应力是均匀分布的，一对平行面上的应力相等；

【B】每个面上的应力是均匀分布的，一对平行面上的应力不等；

【C】每个面上的应力是非均匀分布的，一对平行面上的应力相等；

【D】每个面上的应力是非均匀分布的，一对平行面上的应力不等。

【注】：书中凡标“※”为相对于少、中学时有一定难度的基本部分或专题部分内容；书中凡标“☆”属专题部分内容，主要供多、中学时选用。

（4）研究一点应力状态的任务是_____。

【A】了解不同横截面上的应力变化情况；

【B】了解横截面上的应力随外力的变化情况；

【C】找出同一截面上应力变化的规律；

【D】找出一点在不同方向截面上的应力变化规律。

（5）图示悬臂梁，给出了 1、2、3、4 点的应力状态，其中图_____所示的应力状态是错误的。

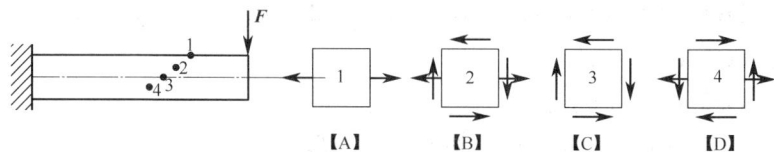

（6）图示外伸梁，1、2、3、4 点的应力状态如图所示。其中图_____所示的点的应力状态是错误的。

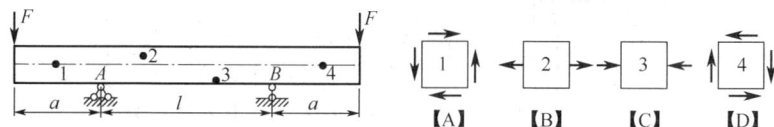

（7）弯扭组合变形圆轴表面 1、2、3、4 点的应力状态如图所示。其中_____是错误的。

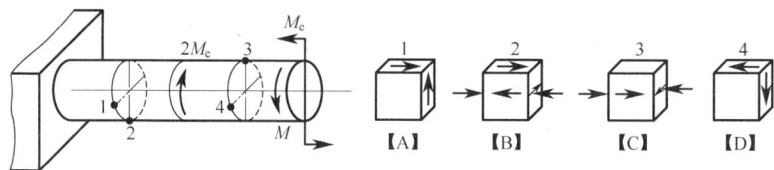

（8）在图示四个切应力中，_____为负切应力。

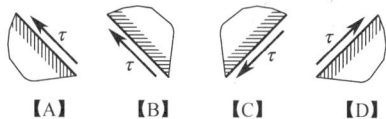

（9）图示两个单元体的应力状态，_____。

【A】a 是纯剪切应力状态，b 不是；

【B】b 是纯剪切应力状，a 不是；

【C】a、b 均是纯剪切应力状态；

【D】a、b 均不是纯剪切应力状态。

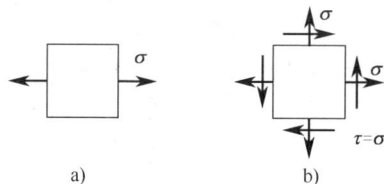

（10）任一单元体，_____。

【A】在最大正应力作用面上，切应力为零；

【B】在最小正应力作用面上，切应力最大；

【C】在最大切应力作用面上，正应力为零；

【D】在最小切应力作用面上，正应力最大。

（11）应力圆方法的适用范围是_____。

【A】应力在比例极限以内；　　【B】应力在弹性范围以内；

【C】各向同性材料；　　【D】平衡应力状态。

（12）与图示应力圆对应的是_____应力状态。

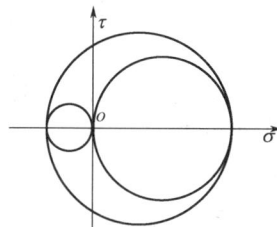

【A】纯剪切；　　　　　　　　【B】单向；

【C】二向；　　　　　　　　　【D】三向。

（13）图示应力圆对应于_____应力状态。

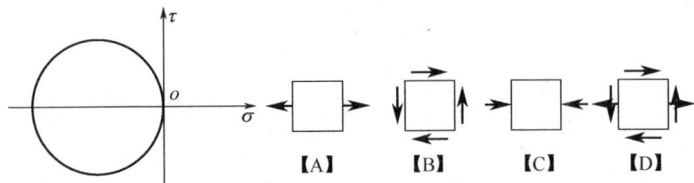

【A】　　【B】　　【C】　　【D】

（14）当主应力_____时，三向应力图成为一个点元。

【A】$\sigma_1 = \sigma_2$；　　　　　　　　【B】$\sigma_2 = \sigma_3$；

【C】$\sigma_1 = \sigma_3$；　　　　　　　　【D】$\sigma_1 = \sigma_2$ 或 $\sigma_2 = \sigma_3$。

（15）广义胡克定律适用于_____。

【A】弹性体；　　　　　　　　【B】线弹性体；

【C】各向同性弹性体；　　　　【D】各向同性线弹性体。

（16）在下列论述中，_____是正确的。

【A】强度理论只适用于复杂应力状态；

【B】第一、第二强度理论只适用于脆性材料；

【C】第三、第四强度理论只适用于塑性材料；

【D】第三、第四强度理论只适用于塑性流动破坏。

（17）某机轴的材料为 Q235 钢，工作时发生弯扭组合变形。对其进行强度计算时，宜采用_____强度理论。

【A】第一或第二；　　　　　　【B】第二或第三；

【C】第三或第四；　　　　　　【D】第一或第四。

（18）若某低碳钢构件危险点的应力状态接近三向等值拉伸，进行强度校核时宜采用_____强度理论。

【A】第一；　　【B】第二；　　【C】第三；　　【D】第四。

（19）在_____强度理论中，强度条件与泊松比有关。

【A】第一；　　【B】第二；　　【C】第三；　　【D】第四。

（20）若构件内危险点的应力状态为二向等拉，则除_____强度理

论以外，利用其他三个强度理论得到的相当应力是相等的。

【A】第一；　　　　　　　　　【B】第二；

【C】第三；　　　　　　　　　【D】第四。

※【8-1 类】选择题（二）

（1）二向应力圆之圆心的横坐标、半径分别表示某平面应力状态的_____。

【A】σ_{max}、τ_{max}；

【B】$(\sigma_{max} + \sigma_{min})/2$，$(\sigma_{max} - \sigma_{min})/2$；

【C】$(\sigma_{max} + \tau_{max})/2$、$\tau_{max}$；

【D】$(\sigma_{max} + \sigma_{min})/2$、$\sigma_{max}$。

（2）图示单元体，最大切应力（MPa）在图_____所示的阴影面上。

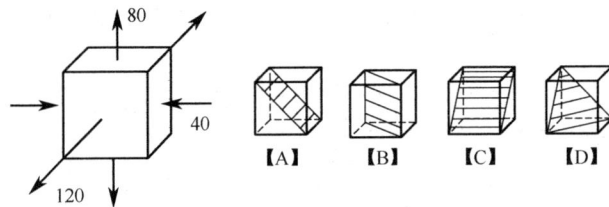

【A】　　【B】　　【C】　　【D】

（3）当三向应力圆成为一个圆时，则主应力情况一定是_____。

【A】$\sigma_1 = \sigma_2$；　　　　　　　　【B】$\sigma_2 = \sigma_3$；

【C】$\sigma_1 = \sigma_3$；　　　　　　　　【D】$\sigma_1 = \sigma_2$ 或 $\sigma_2 = \sigma_3$。

（4）图示单元体，已知主应力 σ_1、σ_2，主应变 ε_1、ε_2 和材料的弹性常数 E、μ，则 $\varepsilon_3 =$_____。

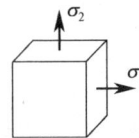

【A】$-\mu(\varepsilon_1 + \varepsilon_2)$；　　　　　　　【B】$-\mu(\varepsilon_1 + \varepsilon_2)/E$；

【C】$\mu(\varepsilon_1+\varepsilon_2)/E$；　　　　　【D】0 。

（5）一圆柱体在单向拉伸变形过程中，纵向伸长、横向收缩，但其体积不变。这种现象说明_____。

【A】弹性模量 $E=0$；　　　　　【B】泊松比 $\mu=1$；

【C】泊松比 $\mu=0.5$；　　　　　【D】平均应力 $\sigma_m=0$。

（6）按第一、第二强度理论确定出的材料许用切应力$[\tau]$与许用正应力$[\sigma]$之间的关系分别为_____。

【A】$[\tau]=\dfrac{1}{2}[\sigma]$，$[\tau]=\dfrac{1}{1+\mu}[\sigma]$；

【B】$[\tau]=\dfrac{1}{2}[\sigma]$，$[\tau]=(1+\mu)[\sigma]$；

【C】$[\tau]=[\sigma]$，$[\tau]=\dfrac{1}{1+\mu}[\sigma]$；

【D】$[\tau]=[\sigma]$，$[\tau]=(1+\mu)[\sigma]$。

（7）按第三、第四强度理论确定出材料许用切应力$[\tau]$和许用拉应力$[\sigma]$之间的关系分别为_____。

【A】$[\tau]=\dfrac{1}{2}[\sigma]$，$[\tau]=\dfrac{1}{3}[\sigma]$；

【B】$[\tau]=\dfrac{1}{2}[\sigma]$，$[\tau]=\sqrt{3}[\sigma]$；

【C】$[\tau]=2[\sigma]$，$[\tau]=\dfrac{\sqrt{3}}{3}[\sigma]$；

【D】$[\tau]=2[\sigma]$，$[\tau]=\sqrt{3}[\sigma]$。

（8）工字形截面梁在横力弯曲时，若危险截面上既有弯矩，又有较大的剪力，对 a 点或 b 点进行强度校核时，采用_____强度条件比较合适。

【A】$\sigma\leqslant[\sigma]$；　　　　　【B】$\tau\leqslant[\tau]$；

【C】$\sigma\leqslant[\sigma]$，$\tau\leqslant[\tau]$；　　【D】$\sqrt{\sigma^2+4\tau^2}\leqslant[\sigma]$。

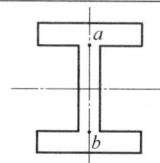

【8-2 类】计算题（截取构件内的指定点的单元体）

[8-2-1] 试用单元体表示图示构件中 A、B 点的应力状态，并标出单元体各面上的应力数值。

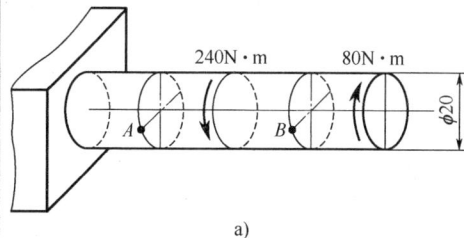

a)

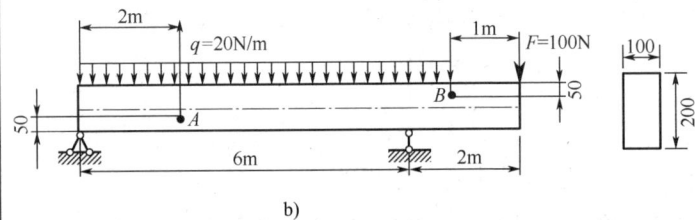

b)

[8-2-2] 如图所示木质悬臂梁，其横截面为高 $h=200\text{mm}$、宽 $b=60\text{mm}$ 的矩形。在 A 点木材纤维与水平线的倾角为 $\alpha=20°$ [或：　　　]。试求通过 A 点沿纤维方向的斜面上的正应力和切应力。

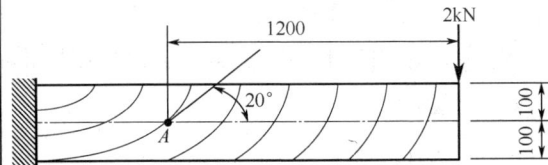

【8-3 类】计算题（平面、特殊空间应力状态的应力分析）

[8-3-1] 在图示应力状态中，试分别用解析法求指定斜截面上的应力（图中应力单位为MPa）。

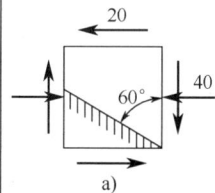

a)

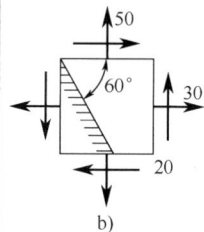

b)

[8-3-2] 在图示应力状态中，试作应力圆来分别确定指定斜截面上的应力（图中应力单位为MPa）。

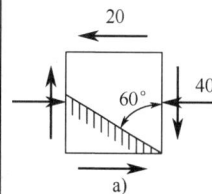

a)

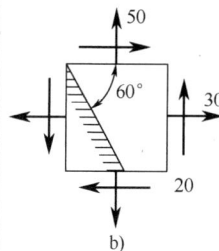

b)

[8-3-3] 已知应力状态分别如图 a、b、c、d 所示，图中应力单位皆为 MPa。试用解析法求：

（1）主应力大小。

（2）在单元体上标出主平面方位及主应力方向。

（3）最大切应力。

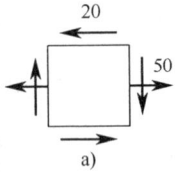

a)

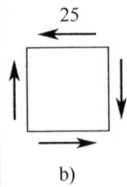

b)

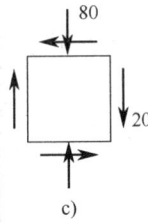

c)

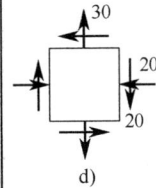

d)

[8-3-4] 已知应力状态分别如各图所示，图中应力单位皆为MPa。试用应力圆求：

（1）主应力大小。

（2）在单元体上标出主平面方位及主应力方向。

（3）最大切应力。

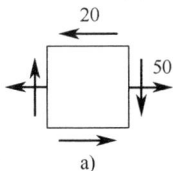

a)

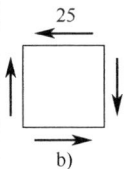

b)

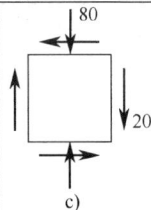

c)

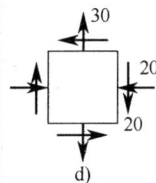

d)

※[8-3-5] 已知构件内某点处的应力状态为两种应力状态的叠加结果，试求叠加后所得应力状态的主应力、最大切应力。

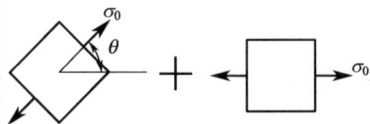

[8-3-6] 图示 K 点处为二向应力状态，已知过 K 点两个截面上的应力如图所示（应力单位为 MPa）。试分别用解析法与图解法确定该点的主应力。

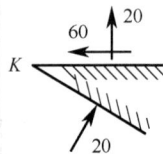

[8-3-7] 某点处的应力状态如图所示，设 σ_α、τ_α 及 σ_y 值为已知，试考虑如何根据已知数据直接作出应力圆。

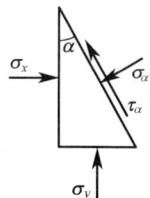

※[8-3-8] 图示二向应力状态，应力单位为 MPa。试求主应力并作应力圆。

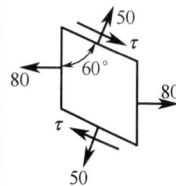

[8-3-9] 图示棱形单元上，$\sigma_x = 60\text{MPa}$ [或：　　　]，AC 面上无应力。试求 σ_y 及 τ_{xy}。

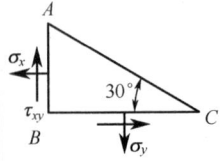

※[8-3-10] 图示特殊空间应力状态单元体，试作应力圆求其主应力及最大切应力。图中应力单位为 MPa。

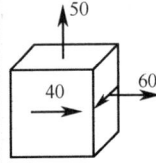

※[8-3-11] 某铸铁构件内危险点的 $\theta = 75°$ [或：　　] 微元体的 α、β 面上的应力如图所示。问破坏时，该点处裂开的方向与 x 轴成多少度？并在图上画出裂开方向。

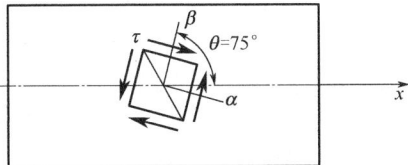

※[8-3-12] 平面应力状态单元体如图所示，σ_1、σ_2 为主应力，试证明：$\sigma_1 + \sigma_2 = \sigma_x + \sigma_y$。

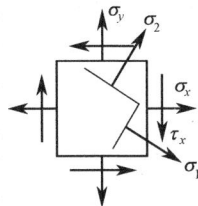

※[8-3-13] 平面应力状态下，其任意两个 α、β 斜截面上的正应力均相等，即 $\sigma_\alpha = \sigma_\beta$ 成立，试分析其充分必要条件。

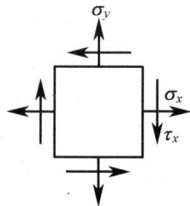

【8-4 类】计算题（广义胡克定律的应用）

[8-4-1] 在二向应力状态下，试计算主应力的大小。设已知最大切应变 $\gamma_{max} = 5 \times 10^{-4}$ [或：　　]，并已知两个相互垂直方向的正应力之和为 27.5MPa，材料的弹性模量 $E = 200$GPa，$\mu = 0.25$。

[8-4-2] 图示直径为 d 的圆截面轴，其两端承受扭转力偶矩 M_e 的作用。设由实验测得轴表面与轴线成 45° 方向的正应变 $\varepsilon_{45°}$，试求力偶矩 M_e 之值。材料的弹性常数 E、μ 均为已知。

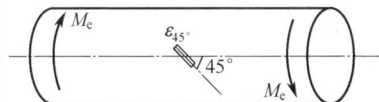

※[8-4-3] 图示直径 $d = 200\text{mm}$ 的钢质圆轴受轴向拉力 F 和扭转外力偶矩，M_e 的联合作用。钢的弹性模量 $E = 200\text{GPa}$，泊松比 $\mu = 0.28$ [或：　　　]，且 $F = 251\text{kN}$。现由电测法测得圆轴表面上与素线成 45° 方向的线应变为 $\varepsilon_{45°} = -2.24 \times 10^{-4}$，试求圆轴所传递的外力偶矩 M_e 的大小。

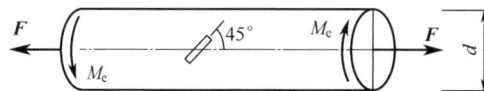

[8-4-4] 如图所示，在一个体积较大的钢块上开一个贯穿钢块的槽，其宽度和深度都是10mm [或：　　]。在槽内紧密无隙地嵌入一铝质立方块，它的尺寸是10mm×10mm×10mm。铝的弹性模量 $E = 70\text{GPa}$，泊松比 $\mu = 0.33$。当铝块受到压力 $F = 6\text{kN}$ 的作用时，假设钢块不变形。试求铝块的三个主应力及相应的变形。

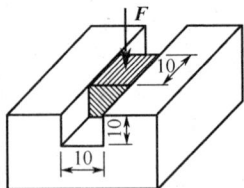

[8-4-5] 图示矩形截面钢拉伸试样在轴向拉力达到 $F = 20\text{kN}$ [或：　　]时，测得试样中段 B 点处与其轴线成30° 方向的线应变为 $\varepsilon_{30°} = 3.25 \times 10^{-4}$。已知材料的弹性模量 $E = 200\text{GPa}$，试求泊松比 μ。

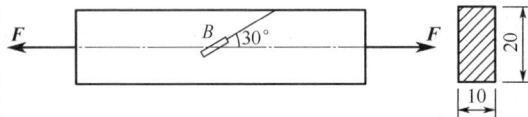

[8-4-6] 图示纯剪应力状态单元体。

（1）已知 $\tau_x = \tau$，材料的弹性常数 E、μ，试求 ε_x、$\varepsilon_{45°}$、γ_{max}。

（2）若单元体边长 $l = 5cm$、剪应力 $\tau = 80MPa$、弹性模量 $E = 72MPa$、泊松比 $\mu = 0.34$，试求对角线 AC 的伸长量。

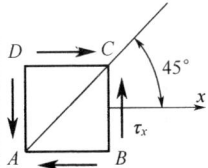

※[8-4-7] 从某钢构件内某点周围取出的微元体如图所示。已知 $\sigma = 30MPa$，$\tau = 15MPa$ [或：　　]，钢的弹性模量 $E = 200GPa$，泊松比 $\mu = 0.3$。试求微元体对角线 AC 的长度改变量。

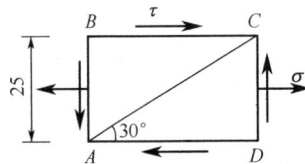

※[8-4-8] 图示拉杆，F、b、h 及材料的弹性常数 E、μ 均为已知。试求线段 AB 的正应变和转角。

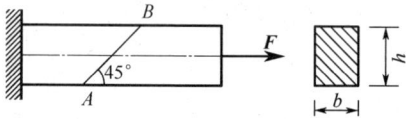

※[8-4-9] 图示悬臂梁在 C 截面作用向上集中力 F，在 BC 段作用向下均布载荷 q。在 A 截面的顶部测得沿轴向线应变 $\varepsilon_1 = 500 \times 10^{-6}$，在中性层与轴线成 $-45°$ 方向的线应变为 $\varepsilon_2 = 300 \times 10^{-6}$。材料的弹性摸量 $E = 200\text{GPa}$，泊松比 $\mu = 0.3$，试求载荷 F 及 q 的大小。

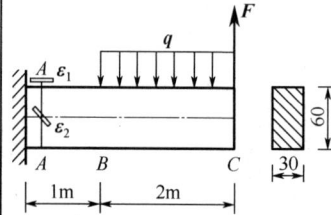

※[8-4-10] 求图示单元体的体积应变 θ、应变比能 e 和形状应变比能 e_f。设 E =200GPa， μ =0.3（图中应力单位为 MPa）。

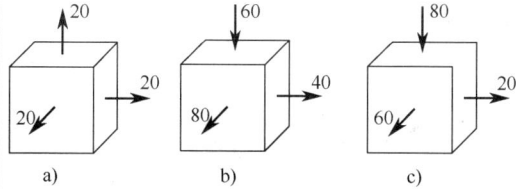

a)   b)   c)

【8-5 类】计算题（强度理论的应用）

[8-5-1] 已知应力状态如图所示（应力单位为 MPa）。若 $\mu = 0.3$

[或：   ]，试分别用四种常用强度理论计算其相当应力。

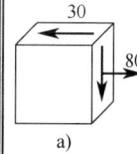

a)

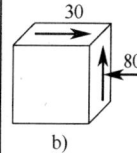

b)

[8-5-2] 从某铸铁构件内的危险点处取出的单元体，各面上的应力分量如图所示。已知铸铁材料的泊松比 $\mu = 0.25$ ，许用拉应力 $[\sigma_t] = 30MPa$ ，许用压应力 $[\sigma_c] = 90MPa$ [或：　　　]，试分别按第一和第二强度理论校核其强度。

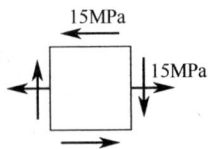

[8-5-3] 第三强度理论和第四强度理论的相当应力分别为 σ_{r3} 及 σ_{r4} ，试计算纯剪应力状态的 σ_{r3}/σ_{r4} 比值。

※[8-5-4] 由 No.25b[或：]工字钢制成的简支梁的受力情况如图所示。已查得：$I_z = 5253.96\text{cm}^4$，$W_z = 422.72\text{cm}^3$，$I_z / S^*_{\max} = 21.27\text{cm}$。且材料的许用正应力$[\sigma] = 160\text{MPa}$，许用切应力$[\tau] = 100\text{MPa}$。试对该梁作全面的强度校核。

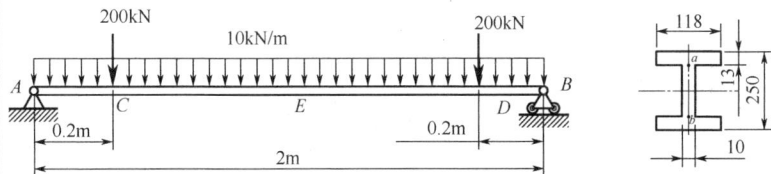

※[8-5-5] 图示铸铁薄壁筒承受内压 $p = 6\text{MPa}$，两端受扭转外力偶矩 $M_e = 1\text{kN} \cdot \text{m}$ 的作用。已知其内径 $d = 60\text{mm}$，壁厚 $\delta = 1.5\text{mm}$ [或：]，试确定圆筒外壁上点 A 处的以下各量：

（1）主应力及主平面（用主单元体表示）。

（2）最大切应力。

（3）若容器发生破坏时，引起破坏的原因是什么？破坏面发生在何方位？

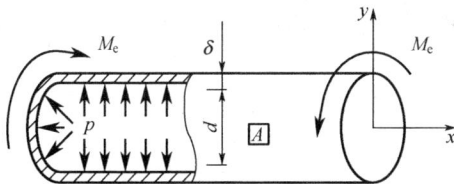

— 51 —

※[8-5-6] 用 Q235 钢制成的实心圆截面杆，受轴向拉力 F 及扭转力偶矩 M_e 作用，且 $M_e = Fd/10$，今测得圆杆表面 k 点处沿图示方向的线应变 $\varepsilon_{30°} = 1.433 \times 10^{-4}$。已知杆直径 $d = 10\text{mm}$，材料的弹性模量 $E = 200\text{GPa}$、泊松比 $\mu = 0.3$。试求荷载 F 和 M_e。若其许用应力 $[\sigma] = 160\,\text{MPa}$，试按第四度理论校核杆的强度。

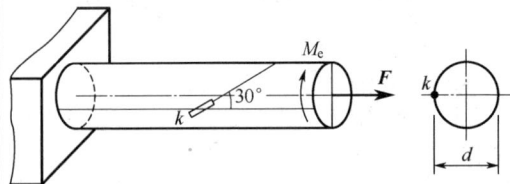

※[8-5-7] 铸铁制成的构件上某些点处可能为图 a、b、c 所示三种应力状态。已知铸铁的拉伸与压缩强度极限分别为 $\sigma_{tb} = 52\,\text{MPa}$，$\sigma_{cb} = 124\,\text{MPa}$。试按莫尔强度理论确定三种应力状态中 σ_0 为何值时材料发生失效。

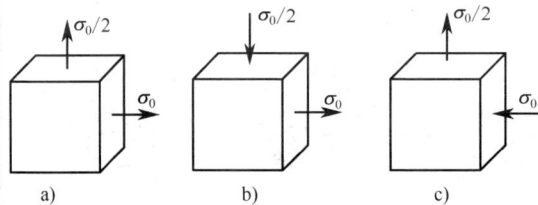

a)　　　　　　b)　　　　　　c)

第 10 章　压杆稳定

[本章重点]

（1）理解压杆稳定概念以及柔度、长度因数、临界压力和临界应力相关概念。

（2）计算柔度并判断压杆的类型，熟练掌握常见支座条件下各种压杆的临界压力和临界应力的计算并进行稳定性计算。而稳定性计算涉及二种相互独立的方法：稳定安全因数法和折减系数法。

[本章难点]

难点主要是失稳平面的判断。

（1）一般求压杆的临界应力时，先根据其尺寸和约束条件计算其柔度 λ，将 λ 与 λ_p 和 λ_s 进行比较，判断压杆的类型，再选用相应的临界应力公式进行计算。

（2）一些压杆比较特殊（截面不对称或约束不对称等一些特殊性），可能有几个柔度值，即可能出现几种失稳情况。根据临界压力的定义（临界压力是使压杆保持微小弯曲平衡的最小压力），压杆的失稳总是发生在抗弯能力最弱的方向（即柔度最大的方向），以此来判断失稳情况。

（3）对于截面形心惯性主矩不等但在各方向的约束均相同的压杆，失稳一定发生在惯性矩最小的最小刚度平面内，故计算中取 $I_{\min}$（或 $i_{\min}$）进行分析。

（4）对于截面形心惯性主矩相等但在各方向约束不同的压杆，则应选约束最弱的方向计算，应选长度因数最大的值。

（5）对于截面形心惯性主矩不等且在各方向的约束也不同的压杆，则需要考虑各种可能发生弯曲的形式，计算相应的惯性半径及柔度，从中选择最小的压力值作为临界压力。

[本章考点]

压杆稳定性问题属于材料力学的三种承载能力之一，故为必考内容。

（1）理解压杆稳定的概念，明确临界压力的含义以及影响临界压力的因素。欧拉公式的推导过程及适用条件。

（2）计算压杆的柔度，并根据柔度值判断压杆类型，选择正确的计算公式，进行稳定性计算。具体方法（稳定安全因数法或折减系数法）是由题目的给定条件决定的。

（3）压杆稳定的综合性题目还可能包含有强度、刚度，涉及动载荷、超静定等一系列内容，要运用综合知识来分析求解此类问题。

[本章的习题分类与解题要点]

本章计算题大致可分为三类。

（1）**临界压力的计算**。先确定压杆的柔度，判断属于哪一类压杆，选择合适的公式计算临界压力。对于中柔度压杆，先计算临界应力，再乘以横截面面积得到临界压力。对于在题目中已注明了的细长压杆，则可直接应用欧拉公式。

（2）**稳定性校核**。对于单根压杆，用安全因数法可直接计算压杆的工作安全因数，并由安全因数法的稳定条件判断压杆是否满足稳定性设计准则。用折减系数法先确定压杆的柔度，并用线性插值法确定折减系数法后，由折减系数法的稳定条件判断压杆是否满足稳定性。

对于简单结构，则需对结构进行受力分析，确定哪些杆承受轴向压缩，计算出轴向压力后再进行稳定性计算。

（3）**设计压杆横截面的几何尺寸**。因截面尺寸未知，无法求出柔度，无法选择适当的临界应力计算公式。因此，采用试算法，先由欧拉公式确定截面尺寸，待确定压杆尺寸后，检查是否满足所用的欧拉公式的适用条件（经常要经过多次反复的试算，这类题型一般不在考题中出现）。

【10-1 类】选择题（一）

（1）压杆失稳是指压杆在轴向压力作用下_____。

【A】 局部横截面的面积迅速变化；

【注】：书中凡标"※"为相对于少、中学时有一定难度的基本部分或专题部分内容；书中凡标"☆"属专题部分内容，主要供多、中学时选用。

【B】危险截面发生屈服或断裂；

【C】不能维持平衡状态而突然发生运动；

【D】不能维持直线平衡状态而突然变弯。

（2）一理想均匀直杆受轴向压力 $F = F_{cr}$ 时处于直线平衡状态，当其受到一微小横向干扰力后发生微小弯曲变形，若此时解除干扰力，则压杆_____。

【A】弯曲变形消失，恢复直线形状；

【B】弯曲变形减小，不能恢复直线形状；

【C】微弯变形状态不变；

【D】弯曲变形增大。

（3）一细长压杆受轴向压力 $F = F_{cr}$ 时发生失稳而处于微弯平衡状态。此时若解除压力 F，则压杆的微弯变形_____。

【A】完全消失；　　　　【B】有所缓和；

【C】保持不变；　　　　【D】继续增大。

（4）在线弹性、小变形条件下，通过建立挠曲线微分方程推出的细长杆临界压力的表达式_____。

【A】与所选取的坐标系有关，与所假设的压杆微弯程度无关；

【B】与所选取的坐标系无关，与所假设的压杆微弯程度有关；

【C】与所选取的坐标系和假设的压杆微弯程度都有关；

【D】与所选取的坐标系和假设的压杆微弯程度都无关。

（5）压杆的一端固定，一端为弹性支承，如图所示。其长度因数的范围为_____。

【A】$\mu < 0.5$；　　　　　　【B】$0.5 < \mu < 1$；

【C】$0.7 < \mu < 2$；　　　　【D】$\mu > 2$。

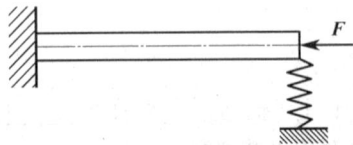

（6）圆截面细长压杆的材料和杆端约束保持不变，若将其直径缩小一半，则压杆的临界压力为原压杆的_____倍。

【A】1/2；　　　　　　　　【B】1/4；

【C】1/8；　　　　　　　　【D】1/16。

（7）压杆的柔度集中地反映了压杆的_____对临界应力的影响。

【A】长度、约束条件、截面尺寸和形状；

【B】材料、长度和约束条件；

【C】材料、约束条件、截面尺寸和形状；

【D】材料、长度、截面尺寸和形状。

（8）细长压杆的_____，则其临界应力 σ_{cr} 越大。

【A】弹性模量 E 越大或柔度 λ 越小；

【B】弹性模量 E 越大或柔度 λ 越大；

【C】弹性模量 E 越小或柔度 λ 越大；

【D】弹性模量 E 越小或柔度 λ 越小。

（9）压杆失稳将在_____的纵向平面内发生。

【A】长度因数 μ 最大；　　【B】截面惯性半径 i 最小；

【C】柔度 λ 最大；　　　　【D】柔度 λ 最小。

（10）压杆属于细长杆、中长杆还是短粗杆，是根据压杆的_____来判断的。

【A】长度；　　　　　　　　【B】横截面尺寸；

【C】临界应力；　　　　　　【D】柔度。

（11）圆截面细长压杆的材料及支承情况保持不变，若将其纵向和横向尺寸同时增大相同的倍数，则压杆的_____。

【A】临界应力不变，临界压力增大；

【B】临界应力增大，临界压力不变；

【C】临界应力和临界压力都增大；

【D】临界应力和临界压力都不变。

（12）欧拉公式的适用条件是，压杆的柔度_____。

【A】$\lambda < \pi\sqrt{\dfrac{E}{\sigma_P}}$；　　　　　　【B】$\lambda \leqslant \pi\sqrt{\dfrac{E}{\sigma_P}}$；

【C】$\lambda \geqslant \pi\sqrt{\dfrac{E}{\sigma_P}}$；　　　　　　【D】$\lambda > \pi\sqrt{\dfrac{E}{\sigma_P}}$。

（13）在稳定性计算中有可能发生两种情况：一是用细长杆的公式计算中长杆的临界压力；二是用中长杆的公式计算细长杆的临界压力。其后果是＿＿＿＿＿＿。

【A】前者的结果偏于安全，后者偏于不安全；

【B】二者的结果都偏于安全；

【C】前者的结果偏于不安全，后者结果偏于安全；

【D】二者的结果都偏于不安全。

（14）在材料相同的条件下，随着柔度的增大，＿＿＿＿＿＿。

【A】细长杆的临界应力是减小的，中长杆不是；

【B】中长杆的临界应力是减小的，细长杆不是；

【C】细长杆和中长杆的临界应力均是减小的；

【D】细长杆和中长杆的临界应力均不是减小的。

（15）两根材料和柔度均相同的压杆，＿＿＿＿＿＿。

【A】临界应力一定相等，临界压力不一定相筹；

【B】临界应力不一定相等，临界压力一定相等；

【C】临界应力和压力都一定相等；

【D】临界应力和压力都不一定相等。

（16）两端铰支细长压杆，若在其长度的一半处加一活动铰支座，则欧拉临界压力是原来的＿＿＿＿＿＿倍。

【A】1/4；　　【B】1/2；　　【C】2；　　【D】4。

（17）若在强度计算和稳定性计算中取相同的安全因数，则在下列说法中，＿＿＿＿＿＿是正确的。

【A】满足强度条件的压杆一定满足稳定性条件；

【B】满足稳定性条件的压杆一定满足强度条件；

【C】满足稳定性条件的压杆不一定满足强度条件；

【D】不满足稳定性条件的压杆一定不满足强度条件。

※【10-1 类】选择题（二）

（1）图示两端铰支压杆的截面为矩形，当其失稳时＿＿＿＿＿＿。

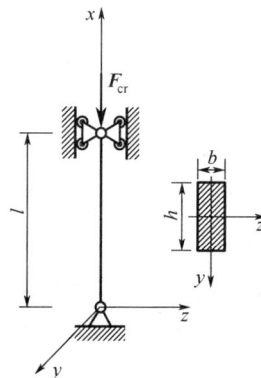

【A】临界压力 $F_{cr} = \pi^2 EI_y / l^2$，挠曲线位于 xy 面内；

【B】临界压力 $F_{cr} = \pi^2 EI_y / l^2$，挠曲线位于 xz 面内；

【C】临界压力 $F_{cr} = \pi^2 EI_z / l^2$，挠曲线位于 xy 面内；

【D】临界压力 $F_{cr} = \pi^2 EI_z / l^2$，挠曲线位于 xz 面内。

（2）杆的一端自由，一端固结在弹性墙上，如图所示。其长度因数的范围为＿＿＿＿＿＿。

【A】$\mu < 0.7$；　　　　　　【B】$0.7 < \mu < 1$；

【C】$1 < \mu < 2$；　　　　　　【D】$\mu > 2$。

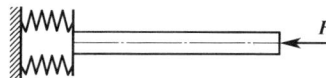

（3）两根细长压杆 a、b，其长度、横截面面积、约束状态及材料均相同，横截面形状 a 为正方形，b 为圆形，则二压杆的临界压力 F_{cr}^a 和 F_{cr}^b 的关系为＿＿＿＿＿＿。

【A】$F_{cr}^a < F_{cr}^b$；　　　　　　【B】$F_{cr}^a = F_{cr}^b$；

【C】$F_{cr}^a > F_{cr}^b$；　　　　　　【D】不能确定。

（4）将低碳钢改用优质高强度钢后，并不能提高＿＿＿＿＿压杆的承压能力。

【A】细长；　　【B】中长；　　【C】短粗；　　【D】非短粗。

（5）由低碳钢制成的细长压杆，经过冷作硬化后，其＿＿＿＿＿。

【A】稳定性提高，强度不变；

【B】稳定性不变，强度提高；

【C】稳定性和强度都提高；

【D】稳定性和强度都不变。

（6）边长为 $a = 2\sqrt{3}\,cm$ 的正方形截面大柔度杆，弹性模量 $E = 100GPa$，$F = 4\pi^2 kN$，受力情况如图所示，其工作安全因数 n 为＿＿＿＿＿。

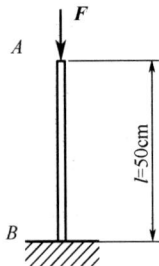

【A】1；　　【B】2；　　【C】3；　　【D】4。

（7）由细长杆 AB 和 BC 组成的简单桁架如图所示，若角度 θ 只能在 0～π/2 之间变化，则当＿＿＿＿＿时，结构的临界载荷最大。

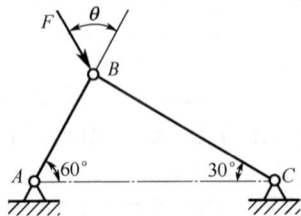

【A】$\theta = 0$；

【B】两杆的轴力相等；

【C】$\theta = \pi/2$；

【D】两杆同时达到各自的临界压力。

【10-2 类】计算题（临界压力、临界应力的计算）

[10-2-1] 一端固定、一端自由的圆截面中心受压铸铁的细长杆件，直径 d=50mm，长度 l=1m。若材料的弹性模量 E=117GPa [或：　　　]，试按欧拉公式计算其临界压力。

[10-2-2] Q235 钢制成的矩形截面细长杆，受力情况及两端销钉支承情况如图所示，$b = 40mm$，$h = 75mm$，$l = 2000$ mm[或：　　　]，E=206 GPa，试欧拉公式求压杆的临界应力。

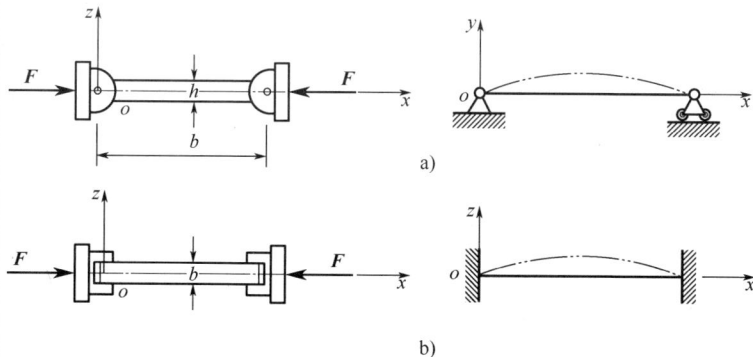

a)

b)

[10-2-3] 长度为 l，两端固定的空心圆截面压杆承受轴向压力，如图所示。压杆材料为 Q235 钢，弹性模量 $E = 200GPa$，取 $\lambda_p = 100$，设截面外径 $D/d = 1.2$ [或：　　　]。试求：（1）能应用欧拉公式时，压杆长度与外径的最小比值，以及这时的临界压力。（2）若压杆改用实心圆截面，而压杆的材料、长度、杆端约束及临界压力值均与空心圆截面时相同，两杆的重量之比值。

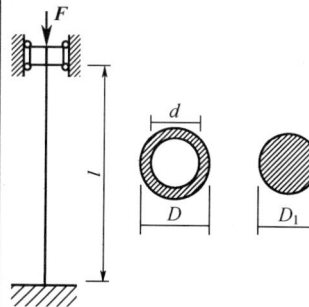

[10-2-4] 图中的 1、2 杆材料相同，均为圆截面压杆，若使两杆的临界应力相等。试求两杆的直径之比 d_1/d_2，以及临界压力之比 F_{cr1}/F_{cr2}，并指出哪根杆的稳定性较好。

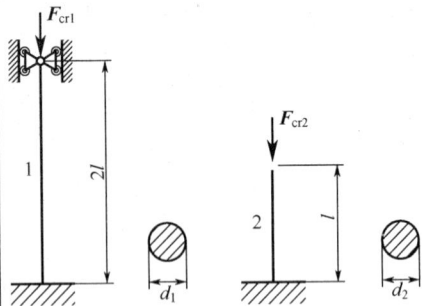

[10-2-5] 某钢材的比例极限 $\sigma_p = 230\text{MPa}$，屈服应力 $\sigma_s = 274\text{MPa}$，弹性模量 $E = 200\text{GPa}$，$\sigma_{cr} = 331 - 1.09\lambda$ (MPa) [或：　　　]。试求 λ_p 和 λ_s，并绘出临界应力总图（在 $0 \leqslant \lambda \leqslant 150$ 范围内）。

※[10-2-6] 细长杆 1、2 和刚性杆 AD 组成平面结构，如图所示。已知两杆的弹性模量 E，横截面面积 A，截面惯性矩 I 和杆长 l 均相同，且为已知。试问，当压杆刚要失稳时，F 为多大？

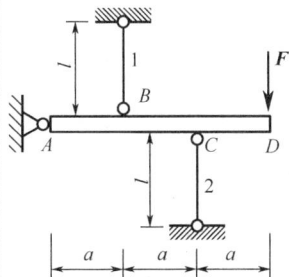

【10-3 类】计算题（稳定性条件与计算，安全因数法）

[10-3-1] 长 $l=1.06$m 的硬铝圆管，一端固定，另一端铰支，承受的轴向压为 $F=7.6$kN。材料的 $\sigma_p = 270$MPa，$E = 70$GPa。若安全因数取 $n_{st} = 2$[或：　　]。试按外径 D 与壁厚 δ 的比值 $D/\delta = 25$ 设计硬铝圆管的外径。

[10-3-2] 图示结构，$E = 200\text{GPa}, \sigma_\mathrm{p} = 200\text{MPa}$，求 AB 杆的临界应力，并根据 AB 杆的临界载荷的1/5确定起吊重量 F 的许可值。

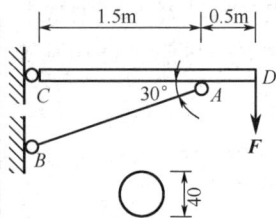

[10-3-3] 设有一托架如图所示，在横杆端点 D 处受到一力 $F = 20\text{kN}$ 的作用。已知斜撑杆 AB 两端为柱形约束（柱形销钉垂直于托架平面），其截面为环形，外径 $D = 45\text{mm}$，内径 $d = 36\text{mm}$，材料为 Q235 钢，$E = 200\text{GPa}, \sigma_\mathrm{p} = 200\text{MPa}$ [或：　　]，若稳定安全因数 $n_\mathrm{st} = 2$，$\alpha = 30°$，试校核杆 AB 的稳定性。

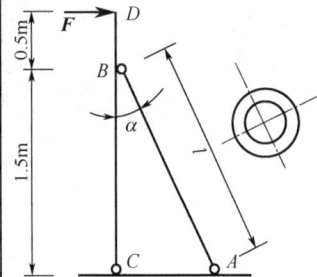

[10-3-4] 两端铰支的圆截面中心受压杆，长度 $l = 2.2$m[或：　　]，直径 $d = 80$mm，压力 $F = 200$kN，材料为 Q235 钢，其许用应力 $[\sigma] = 160$ MPa。试求该压杆的稳定安全因数 n_{st}。

[10-3-5] 图示结构，圆杆 CD 的 $d = 50$mm [或：　　]，$E = 2 \times 10^5$ MPa，$\lambda_p = 100$，试求结构的临界载荷 Q_{cr}。

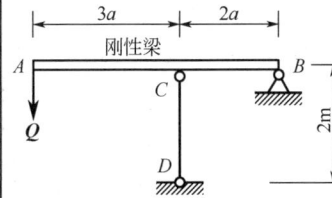

[10-3-6] 图示结构 AB 杆和 AC 杆均为等截面钢杆，材料为 Q235 钢，$E=200\text{GPa}$，$\sigma_s = 30\text{MPa}$，$\lambda_p = 100$，$\lambda_s = 57$，$\sigma_{cr} = 304 - 1.12\lambda(\text{MPa})$，直径均为 $d = 40\text{mm}$ [或：　　　]，AB 杆长 $l_1 = 600\text{mm}$，AC 杆长 $l_2 = 1200\text{mm}$，若两根杆的稳定安全因数 n_{st} 均取 2，试求结构的最大许可载荷。

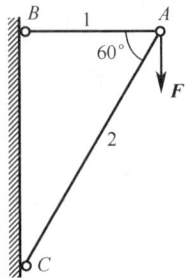

[10-3-7] 图示圆截面压杆 $d = 40\text{mm}$ [或：　　　　]，$\sigma_s = 235\text{MPa}$，$\sigma_p = 200\text{MPa}$。试求可以用经验公式 $\sigma_{cr} = 304 - 1.12\lambda$ (MPa) 来计算其临界应力时的压杆长度范围。

※[10-3-8] 图示结构中杆 AC 与 CD 均由 Q235 钢制成，C、D 两处均为球铰。已知：d=20mm[或：　　]，b=100mm，h=180mm，E=200GPa，$\sigma_s = 235$MPa，$\sigma_b = 400$MPa，若强度安全因数 n= 2.0，稳定安全因数 n_{st} = 3。试确定该结构的许可载荷。

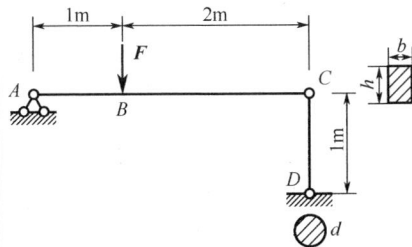

[10-3-9] 图示结构，杆 1、2 的材料、长度相同。已知：$E = 200$GPa，$l = 800$mm [或：　　]，$\lambda_p = 99.3, \lambda_s = 57$. 经验公式 $\sigma_{cr} = 304 - 1.12\lambda$ (MPa)，若稳定安全因数 n_{st}=3，求该结构的许可载荷。

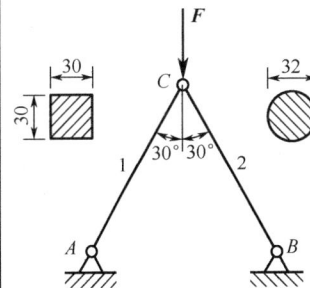

[10-3-10] 图示结构，尺寸如图所示，立柱 CD 为圆截面，其材料的 $E = 200\text{GPa}$ [或：　　　], $\sigma_\text{p} = 200\text{MPa}$。若稳定安全因数 $n_\text{st} = 2$，试校核该立柱 CD 的稳定性。

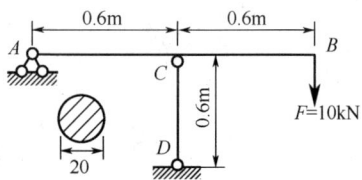

※[10-3-11] 图示结构，AB 为刚性梁，$l_1 = 1\text{m}$，BC 杆的横截面为圆形，$l_2 = 600\text{mm}$，$d = 30\text{mm}$，$E = 206\text{GPa}$，$\sigma_\text{p} = 200\text{MPa}$，$\sigma_\text{s} = 235\text{MPa}$。直线经验公式中系数 $a = 304\text{MPa}$，$b = 1.12\text{MPa}$。稳定安全因数 $n_\text{st} = 3$。求许可载荷 M_e。

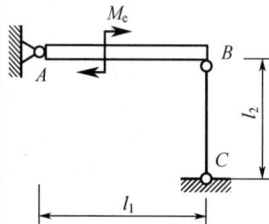

※[10-3-12] 图示结构,梁、柱材料均为 Q235 钢,弹性模量 $E=210$GPa, $\lambda_p = 101$, 许用应力$[\sigma]= 160$MPa，梁 AC 横截面为正方形，边长 $b = 120$mm，梁长 $l = 3$m；柱 DB 为圆形截面，直径 $d = 30$mm，柱长 $a = 1$m，稳定安全因数 $n_{st} = 2$，不考虑柱 DB 的压缩变形。试确定此结构的许用分布载荷$[q]$。

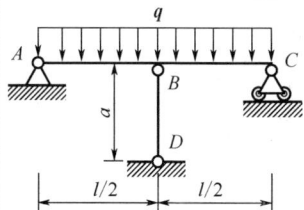

※【10-4 类】计算题（稳定性条件与计算，折减系数法）

[10-4-1] 图示压杆，当截面绕 z 轴失稳时，两端视为铰支；绕 y 轴失稳时，两端视为固定端。已知：$[\sigma]=160$MPa [或：　　]，试按折减系数法校核该压杆的稳定性。

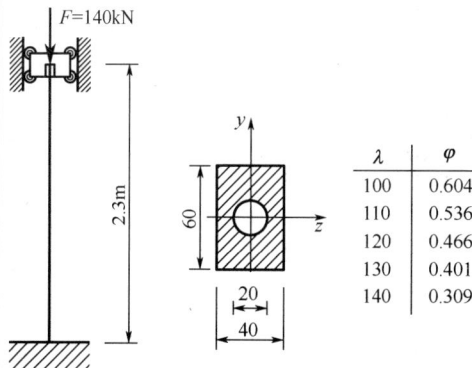

λ	φ
100	0.604
110	0.536
120	0.466
130	0.401
140	0.309

[10-4-2] 图示结构中 AD 为铸铁圆杆，直径 $d_1 = 60mm$，许用压应力 $[\sigma]_1 = 120MPa$；BC 为 Q235 钢圆杆，直径 $d_2 = 10mm$，许用应力 $[\sigma]_2 = 160MPa$；横梁 AB 为 No.18 工字钢[或：　　]，许用应力 $[\sigma]_3 = 160MPa$，试求结构的许可分布载荷 q。

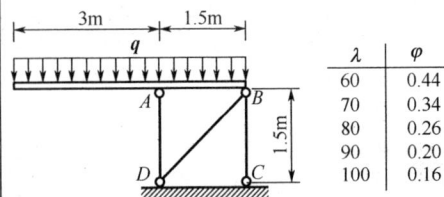

λ	φ
60	0.44
70	0.34
80	0.26
90	0.20
100	0.16

[10-4-3] 图示简易吊车的摇臂，最大载重量 $G = 20kN$ [或：　　]。已知圆环截面钢杆 AB 外径 $D = 50mm$，内径 $d = 40mm$。许用应力 $[\sigma] = 140MPa$。试按折减系数法校核此杆的稳定性。

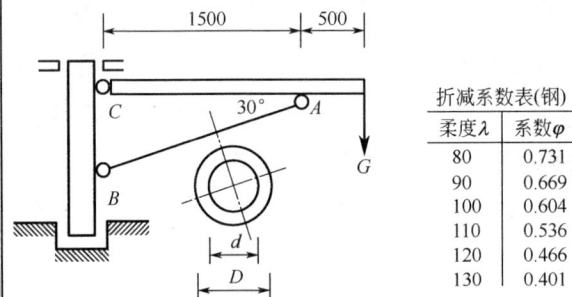

折减系数表(钢)

柔度λ	系数φ
80	0.731
90	0.669
100	0.604
110	0.536
120	0.466
130	0.401

☆第 12 章　动载荷与交变应力

[本章重点]

（1）应用动静法计算匀加速直线平动和匀角速转动构件的应力与变形，主要是运用动力学的基本知识，根据给定条件确定惯性力（矩）的大小和方向（转向），给出动荷因数。

（2）根据机械能守恒原理，计算受冲击作用构件的应力与变形。主要掌握利用冲击系统的能量平衡方程求解自由落体冲击、水平速度物体的冲击、旋转飞轮突然停止造成的冲击等常见问题。并要熟记相应的动荷因数。

（3）应力循环与表征参数、疲劳破坏特点、疲劳极限（持久极限）和持久极限曲线等概念。

（4）影响构件疲劳极限的主要因素及提高构件疲劳强度的措施。

（5）构件的疲劳强度计算。

[本章难点]

求解冲击问题动荷因数的能量方法。要学会选择适当的势能参考线，正确分析冲击系统（包括冲击物和被冲击物）在最初状态的总机械能和在最大变形状态的应变能和势能。另外，要特别注意加深理解建立冲击力学模型的 4 个基本假设。

[本章考点]

冲击问题一般考题均为综合题型，涉及冲击、弯曲强度、弯曲变形问题。

（1）冲击、组合变形（以弯扭组合多见）应力状态、强度理论问题。

（2）冲击、压杆稳定、弯曲强度问题或涉及超静定相关问题。

[本章的习题分类与解题要点]

本章计算题大致可分为四类：

（1）求匀加速直线运动或匀角速转动构件的动应力。在水平面内，只需正确在构件上施加分布惯性力，即可按静载荷问题的方法求解得到动应力；在铅垂面内，先计算在自重作用下的位移和应力，再乘以动荷因数 K_d，从而得到动位移和动应力。

（2）自由落体冲击和水平冲击问题。先求在静载荷作用下静位移、静应力，然后根据冲击点的静位移和冲击物的高度或冲击物的初速度确定动荷因数，最后用动荷因数分别乘以静位移、静应力，便可得到动位移和动应力。

（3）根据强度条件确定冲击物许可高度或设计构件截面。前者较简单，后者需要采用渐进法求解，因为动应力与构件的刚度有关。

（4）非落体冲击和非水平冲击问题与超静定问题，推导动荷因数公式。首先正确列出冲击前状态和冲击后最大变形状态的总能量，然后根据能量守恒定律列出动荷因数的方程，可最终获得动荷因数的表达式。

☆【12-1 类】选择题

（1）构件作匀变速直线平动时，其内的动应力和相应的静应力之比，即动荷因数 K_d_____。

【A】等于 1；　　　　　　　　【B】不等于 1；

【C】恒大于 1；　　　　　　　【D】恒小于 1。

（2）设密度为 ρ 的匀质等直杆匀速上升时，某一截面上的应力为 σ，则当其以匀加速度 a 上升和下降时，该截面上的动应力 σ_d 分别为_____。

【A】$(1-a/g)\sigma$，$(1+a/g)\sigma$；

【B】$(1+a/g)\sigma$，$(1-a/g)\sigma$；

【C】$(1+a/g)\sigma$，$(1+a/g)\sigma$，

【D】$(1-a/g)\sigma$，$(1-a/g)\sigma$。

（3）一滑轮两边分别挂有重量为 W_1 和 W_2（设 $W_1 > W_2$）的二个重物，如图所示。该滑轮左、右两边绳子的_____。

【A】动荷因数不等，动应力相等；

【B】动荷因数和动应力均相等；；

【C】动荷因数相等，动应力不等；

【D】动荷因数和动应力均不等。

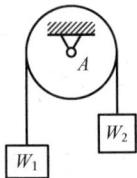

（4）以等角加速度旋转的构件，其上各点惯性力的方向_____。

【A】垂直于旋转半径；

【B】沿旋转半径指向旋转中心；

【C】沿旋转半径背离旋转中心；

【D】既不垂直也不沿着旋转半径。

（5）在用能量法推导冲击动荷因数 K_d 时，有人作了以下假设，其中_____是不必要的。

【A】冲击物的变形很小，可将其视为刚体；

【B】被冲击物的质量可以忽略，变形是线弹性的；

【C】冲击过程中只有变形能、位能和动能的转化，无其他能量损失；

【D】被冲击物只能是杆件。

（6）在能量法实用计算冲击应力及变形中，因为不计冲击物的变形，所以计算与实际情况相比，_____。

【A】冲击应力偏大，冲击变形偏小；

【B】冲击应力偏小，冲击变形偏大；

【C】冲击应力和冲击变形偏大；

【D】冲击应力和冲击变形偏小。

（7）图示两正方形截面柱，a 图为等截面柱，b 图为阶梯形变截面柱，设两柱承受相同的冲击物冲击，则比较两柱的动荷因数及最大动应力可知_____。

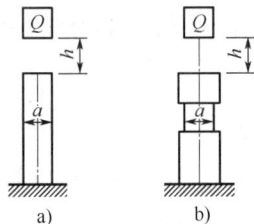

a) 　　　　　　b)

【A】$K_d^a < K_d^b$， $\sigma_d^a < \sigma_d^b$；

【B】$K_d^a > K_d^b$， $\sigma_d^a > \sigma_d^b$；

【C】$K_d^a < K_d^b$， $\sigma_d^a > \sigma_d^b$；

【D】$K_d^a > K_d^b$， $\sigma_d^a < \sigma_d^b$。

（8）自由落体冲击时，当冲击物重量增加一倍时，若其他条件不变，则被冲击物内的动应力_____。

【A】不变；　　　　　　　　【B】增加一倍；

【C】增加不足一倍；　　　　【D】增加一倍以上。

（9）自由落体冲击时，当冲击物高度增加时，若其他条件不变，则被冲击结构的_____。

【A】动应力增加，动变形减小；

【B】动应力减小，动变形增加；

【C】动应力和动变形均增加；

【D】动应力和动变形均减小。

（10）图示矩形截面悬臂梁受自由落体冲击作用。若将其图 a 所示竖放截面改为图 b 所示平放截面，而其他条件不变，则梁的最大动应力 σ_d 和最大冲击挠度 w_d 的变化情况是_____。

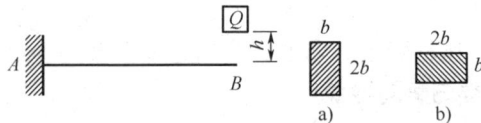

a)　　　　b)

【A】σ_d 增大，w_d 减小；　　　　【B】σ_d 减小，w_d 增大；

【C】σ_d 和 w_d 均增大；　　　　【D】σ_d 和 w_d 均减小。

（11）图示两个受冲击结构，其中梁、弹簧常数和冲击物重量 Q 均相同，设图 a、b 所示梁中的最大冲击应力分别为 σ_d^a 和 σ_d^b，则 σ_d^a / σ_d^b ＿＿＿＿＿。

【A】<1；　　　【B】=1；　　　【C】>1；　　　【D】不确定。

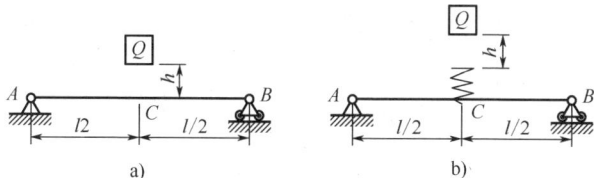
a)　　　　b)

（12）悬臂梁 AB 受冲击载荷作用，如图所示。若在自由端 B 加上一个弹簧支承，其他条件不变，则梁的最大静应力 σ_{st} 和动荷因数 K_d 的变化情况是＿＿＿＿＿。

【A】σ_{st} 增大，K_d 减小；　　　【B】σ_{st} 减小，K_d 增大；

【C】σ_{st} 和 K_d 都增大；　　　【D】σ_{st} 和 K_d 都减小。

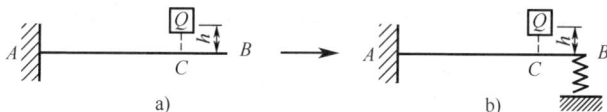
a)　　　　b)

（13）图示四根悬臂梁均受到重量为 Q 的重物由高度为 h 的自由落体冲击，其中＿＿＿＿＿梁的 K_d 最大。

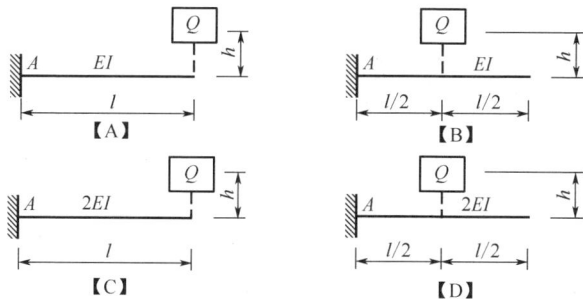
【A】　　　【B】
【C】　　　【D】

（14）在图示杆的下端有一固定圆盘，盘上放有弹簧。当重物 Q

从距弹簧上端为 h 处无初速度自由落下时，设系统的动荷因数为 $K_d = 1 + \sqrt{1 + 2h/\Delta_{st}}$，则式中 Δ_{st} 为＿＿＿＿＿静位移。

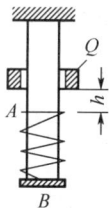

【A】杆横截面 A 的；

【B】弹簧上端 A 的；

【C】杆下端面 A 的；

【D】弹簧上端 A 相对于下端 B 的。

（15）受水平冲击的刚架如图所示。欲求 C 点的铅垂位移，则动荷因数表达式中的静位移 Δ_{st} 应是＿＿＿＿＿。

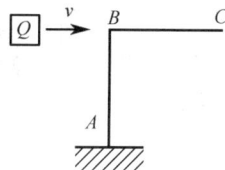

【A】C 点的铅垂位移；　　　【B】B 点的水平位移；

【C】B 点的铅垂位移；　　　【D】B 截面的转角。

（16）图示两梁抗弯刚度相同，弹簧的刚度系数也相同，两梁最大动应力的关系为：＿＿＿＿＿。

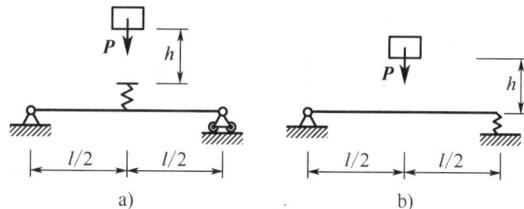
a)　　　　b)

【A】$(\sigma_d)_a = (\sigma_d)_b$；　　　【B】$(\sigma_d)_a > (\sigma_d)_b$；

【C】$(\sigma_d)_a < (\sigma_d)_b$；　　　　　【D】与 h 大小有关。

（17）等直杆上端 B 受横向冲击，其动荷系数 $K_d = v/\sqrt{g\Delta_{st}}$，当杆长 l 增加，其余条件不变，杆内最大弯曲动应力可能_____。

【A】增加；　　　　　　　　　【B】减少；

【C】不变；　　　　　　　　　【D】可能增加或减少。

（18）悬臂梁 AB，在 B 端受重物 Q 自高度为 h 的自由落体冲击，已知 $h \gg \Delta_{st}$（Δ_{st} 为重物所引起的 B 点静位移），当冲击物重量为 $2Q$ 时，则该梁在 B 点所受的冲击力将是重量为 Q 时的_____倍。

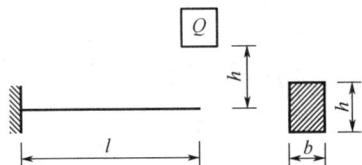

【A】$2\sqrt{2}$；　　【B】$3\sqrt{2}$；　　【C】$\sqrt{2}$；　　【D】$\sqrt{2}/2$。

（19）图示三杆最大动应力之间的关系为_____。

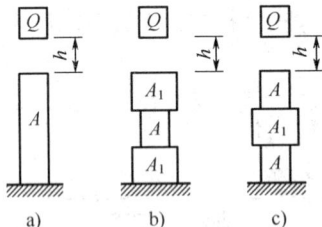

【A】$(\sigma_d)_a > (\sigma_d)_b > (\sigma_d)_c$；　　　【B】$(\sigma_d)_a < (\sigma_d)_b < (\sigma_d)_c$；

【C】$(\sigma_d)_a < (\sigma_d)_c < (\sigma_d)_b$；　　　【D】$(\sigma_d)_a = (\sigma_d)_b = (\sigma_d)_c$。

☆【12-2类】概念题与选择题

（1）简要说明图示疲劳极限图的绘制过程，指出图上应有的主要数据。

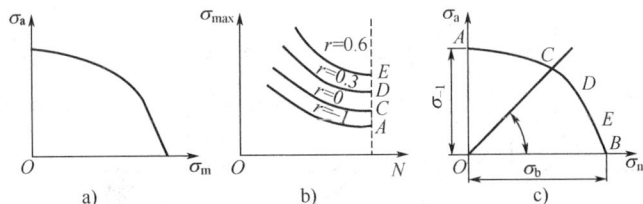

a)　　　　　　　b)　　　　　　　c)

（2）在交变应力作用下，构件发生断裂之前，材料中无_____。

【A】应力；　　　　　　　　　【B】裂纹；

【C】应力集中现象；　　　　　【D】明显的塑性变形。

（3）构件的疲劳破坏是_____达到极限状态的结果。

【A】裂纹形成和扩展；　　　　【B】最大正应力；

【C】最大切应力；　　　　　　【D】塑性变形。

（4）已知某点交变应力的应力循环如图所示。其循环特征 $r=$_____。

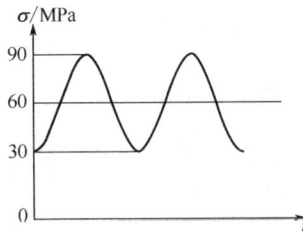

【A】3；　　　　　　　　　　　【B】2；

【C】2/3；　　　　　　　　　　【D】1/3。

（5）材料持久极限的定义是：试件能够经受无限次应力循环而不发生疲劳破坏的_____值的_____限。

【A】最大应力 σ_{max}，最高；　　【B】最大应力 σ_{max}，最低；

【C】最小应力 σ_{max}，最高；　　【D】最大应力 σ_{max}，最低。

（6）应力集中对_____构件的持久极限影响最显著。

【A】铸铁；

【B】碳钢；

【C】高强度合金钢。

（7）在交变荷载作用下，如图所示板条上的切口附近钻上大小不同的小洞，则其持久极限_____。

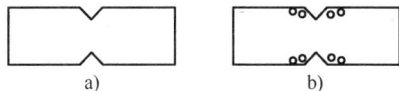

【A】比原来提高；

【B】不变；

【C】比原来降低。

（8）图示 $\sigma_n - \sigma_m$ 坐标系中 c 点所对应的应力循环为图_____所示。

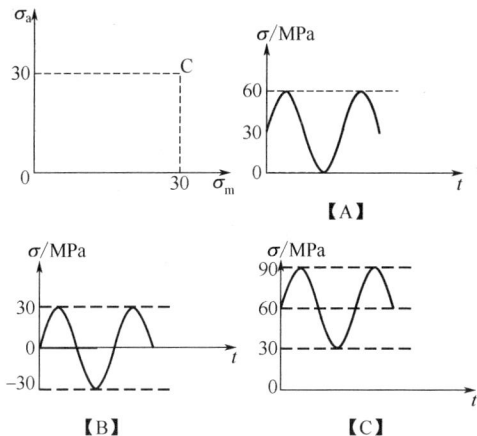

☆【12-3 类】计算题（匀加速直线运动或匀角速转动动应力计算）

[12-3-1] 用钢索起吊 P 的重物，以等加速度 a 上升[或：　　]，钢索的 E、A、l 均已知。试求钢索横截面上的动轴力 F_{Nd}、动应力 σ_d、动变形 Δl_d（不计钢索的质量）。

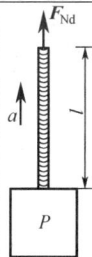

[12-3-2] 如图所示，在直径为 $d = 100mm$ 的轴上装有转动惯量 $J = 0.5kN \cdot m \cdot s^2$ 的飞轮，轴的转速为 $n = 300r/min$。制动器开始作用后，在 $\Delta t = 20s$ [或：　　] 转内将飞轮刹停。试求轴内最大切应力（设在制动器作用前，轴已与驱动装置脱开，且轴承内的摩擦力可以不计）。

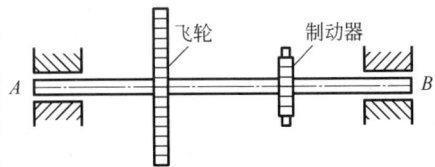

[12-3-3] 图示钢轴 AB 和钢质圆杆 CD 直径均为 $d = 10mm$，在 D 处固定一重物 $P = 10N$。已知钢的密度 $\rho = 7.95kg/m^3$，若轴 AB 的转速 $n = 300r/min$ [或：　　]，试求钢轴 AB 内的最大正应力。

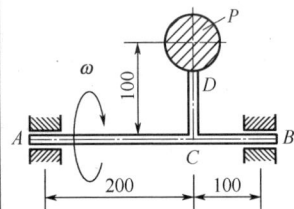

☆【12-4 类】计算题（铅垂冲击和水平冲击问题与超静定问题）

[12-4-1] 材料和总长均相同的变截面杆和等截面杆如图所示。若两杆的最大横截面面积相同，问哪一根杆件承受冲击的能力强？（设变截面杆直径为 d 的部分长为 $2l/5$。为了便于比较，假设 h 较大，动荷因数近似地取为 $K_d = 1 + \sqrt{1 + 2h/\Delta_{st}} \approx \sqrt{2h/\Delta_{st}}$）

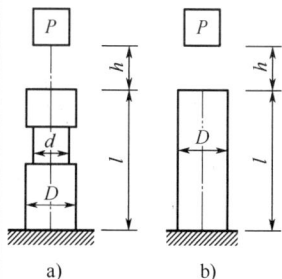

a)　　　b)

[12-4-2] 图示钢杆的下端有一固定圆盘，盘上放置弹簧。弹簧在 1kN 的静载荷作用下缩短量为 0.0625cm[或：　　]。钢杆的直径 $d = 4$cm，长度 $l = 4$m，许用应力 $[\sigma] = 120$MPa，$E = 200$GPa。试求：（1）若有重为 15kN 的重物无初速度自由落下，求许可高度 h。（2）若去掉弹簧，则许可高度 h 等于多少？

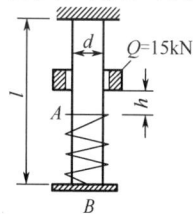

[12-4-3] 重量为 $P = 5\text{kN}$ 的重物自高度 $h=10\text{mm}$[或：　　　　]处无初速度自由下落，冲击到 No.20b 工字钢梁上的 B 点处，如图所示。已知钢的弹性模量 $E = 210\text{GPa}$，试求梁内最大冲击正应力（不计梁的自重）。

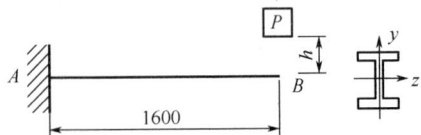

[12-4-4] 图示的两个长度和抗弯刚度均相同的梁，但支承条件不同。已知弹簧的刚度常数均为 k，一重物 P 自高度 h 无初速度自由下落冲击。试求两个梁的冲击应力，并且比较其结果。

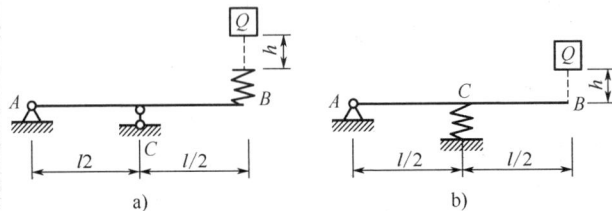

a)　　　　　　　　b)

[12-4-5] 如图所示，重量为 P 的重物自高度 h 无初速度下落冲击于梁的 C 点。设梁的 E，I 及抗弯截面系数 W 皆为已知常量。试求梁内最大正应力及梁的跨度中 D 点 [或：　　　] 的挠度。

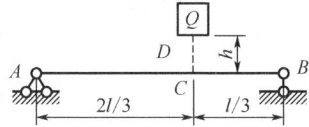

[12-4-6] 冲击物体重量为 P，由距离梁的顶面高 h 处无初速自由下落冲击梁的 D 点，如图所示。已知梁的横截面为矩形，材料的弹性模量为 E。试求梁的最大挠度 [或：　　　]。

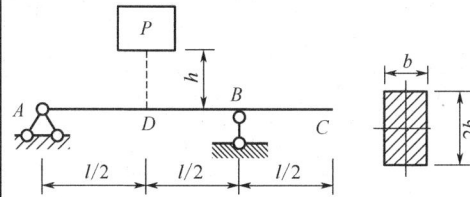

[12-4-7] 如图所示，等截面刚架 *ABC*，各段抗弯刚度均为 *EI*。一重物 *P* 自高度 *h* 处自由下落，冲击刚架的 *C* 点。试求刚架的最大应力 [或：　　]。

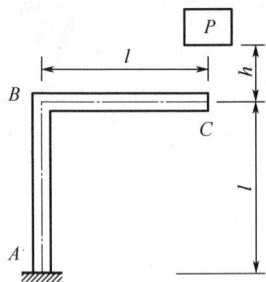

[12-4-8] 一重量为 *P* 的物体，以速度 *v* 水平冲击刚架的 *C* 点，如图所示。已知刚架的各段均为圆杆，直径均为 *d*，材料弹性模量均为 *E*。试求刚架的最大冲击正应力 [或：　　]。

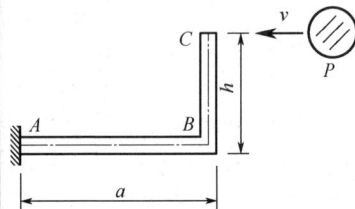

[12-4-9] 已知杆 B 端与支座 C 间的间隙为 Δ，如图所示，杆的抗弯刚度 EI 为常量。欲使杆 B 端刚好与支座 C 接触，问质量为 m 物体应以多大的水平速度 v_0 冲击 AB 杆的 D 点？

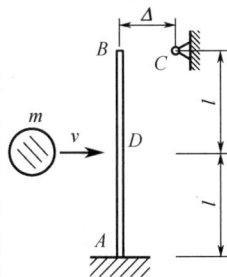

[12-4-10] 图 a、b 所示两梁，EI、l、h 均相同，当 h 很大时，动荷因数可简化为 $K_d = 1 + \sqrt{1 + 2h/\Delta_{st}} \approx \sqrt{2h/\Delta_{st}}$，试证明 $\sigma_d^a > \sigma_d^b$。

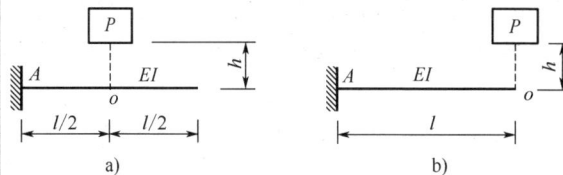

a)　　　　　　　　　　b)

☆【12-5 类】计算题（其他冲击问题、冲击超静定问题）

[12-5-1] AD 杆可在铅垂面内绕梁端 A 转动，如图所示。当 AD 杆在垂直位置时，其顶端的重物 P 水平速度为 v。AB 梁长 l，其抗弯刚度为 EI。试求重物冲击梁时，梁内最大正应力[或：　　]。

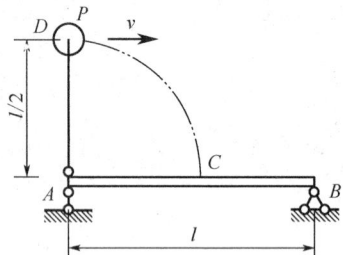

[12-5-2] 图示 ABC 直角折杆位于水平面内，一重量为 P 的物体自高度 h 处自由落下冲击杆的 C 端。已知折杆的直径为 d，材料的拉压弹性模量与切变模量分别为 E、G。求杆的冲击动荷因数 K_d，并用第三[或：　　]强度理论求危险截面上危险点的相当应力。

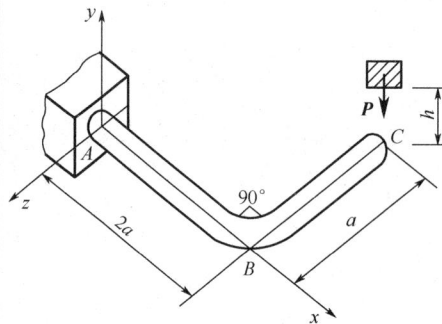

[12-5-3] 图示钢梁 ABC 和圆柱 BD 结构，BD 两端铰支。当梁的自由端受到其上方 $h=0.1$m 处自由下落的重物冲击时，试问该结构能否正常工作？已知：冲击物重 $P=500$N［或：　　　］，梁、柱材料相同，均为 Q235 钢，$E=200$GPa，$[\sigma]=180$MPa。梁的惯性矩 $I=4\times10^{-6}$m^4，抗弯截面系数 $W=5\times10^{-5}$m^3，柱的直径 $d=80$mm。

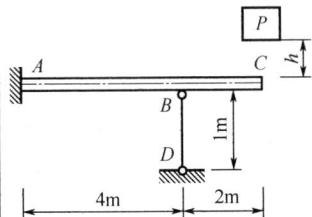

[12-5-4] 图示结构均用 Q235 钢制成，材料的弹性模量 $E=200$GPa，有一重量为 P 的物体自 B 正上方高度 h 处自由下落，已知：$P=10$kN，$l=1$m，$h=1$mm，梁的横截面惯性矩 $I=Al^2/3$，杆 BC 的横截面面积为 A，其直径 $d=30$mm，试求点 B 铅垂位移。

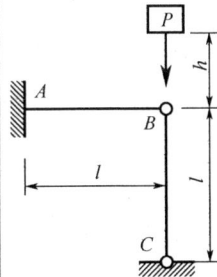

☆【12-6 类】计算题（求横截面上一点的应力循环）

如图所示滑轮与轴，确定下列两种情况下轴上 B 点的应力循环特征。

（1）图 a 所示轴固定不动，滑轮绕轴转动，滑轮上作用着不变载荷 F。

（2）图 b 所示为轴与滑轮固结成一体而转动，滑轮上作用着不变载荷 F。

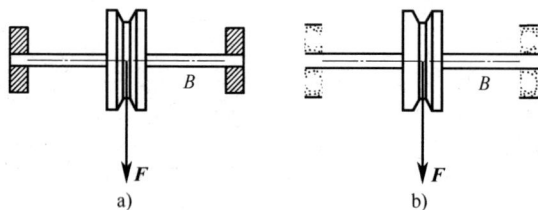

☆【12-7 类】计算题（求循环特征、平均应力和应力幅）

[12-7-1] 如图所示交变应力，试求其平均应力、应力幅值、循环特征。

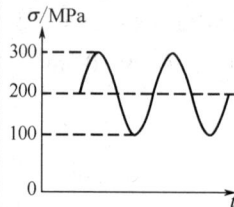

[12-7-2] 火车轮轴受力情况如图所示。$a = 500\,\text{mm}$，$l = 1435\,\text{mm}$，轮轴中段直径 $d = 15\,\text{cm}$。若 $F = 50\,\text{kN}$，试求轮轴中段截面边缘任一点处的最大应力、最小应力、平均应力、应力幅值、应力循环特征，并作出 $\sigma - t$ 曲线。

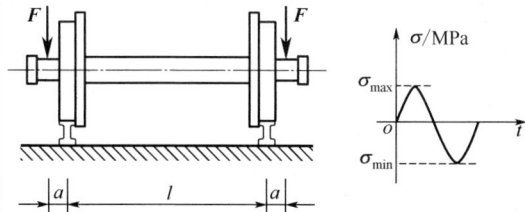

☆【12-8 类】计算题（校核疲劳强度）

[12-8-1] 如图所示，直径 $D = 50\,\text{mm}$、$d = 40\,\text{mm}$ 的阶梯轴，受交变弯矩和扭矩的联合作用。圆角半径 $R = 2\,\text{mm}$。正应力从 50MPa 变到 −50MPa，切应力从 40MPa 变到 20MPa。轴的材料为碳钢，$\sigma_b = 550\,\text{MPa}$，$\sigma_{-1} = 220\,\text{MPa}$，$\tau_{-1} = 120\,\text{MPa}$，$\sigma_s = 300\,\text{MPa}$，$\tau_s = 180\,\text{MPa}$。若取 $\psi_\sigma = 0.1$，$\beta = 1$，试求此轴的工作安全因数。

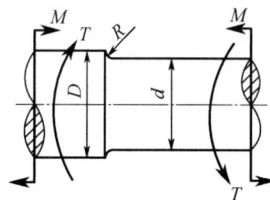

[12-8-2] 图示碳钢车轴上的荷载 $F = 40$kN，外伸部分为磨削加工，材料的 $\sigma_b = 600$MPa，$\sigma_{-1} = 250$MPa。若规定安全因数为 $n = 2$，试问此轴是否安全？

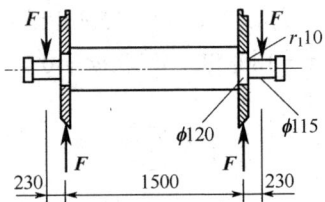

《材料力学基本训练》参考答案

（单元1答案）

第1章　绪论（A分册）

【1-1类】概念题

[1-1-1] AB、BC 两段都产生位移，AB 段产生变形，BC 段不产生变形。

[1-1-2] AB 杆属弯曲变形，BC 杆属拉伸变形。

【1-2类】计算题（用截面法求构件指定截面的内力）

[1-2-1] $m_A = F(l+a)\cos\alpha$，$F_{Ax} = F\sin\alpha$，$F_{Ay} = F\cos\alpha$

$F_N = -F\sin\alpha$，$F_s = F\cos\alpha$，$M = -Fa\cos\alpha$

[1-2-2] $m-m：F_s = 1\text{kN}$，$M = 1\text{kN}\cdot\text{m}$；$n-n：F_N = 2\text{kN}$

[1-2-3] $F_{N1} = \dfrac{x}{l\sin\alpha}F$，$F_{N2} = -\dfrac{x}{l}F\cot\alpha$，$F_{s2} = -\dfrac{x}{l}F$，

$M_2 = x(l-x)F$

$F_{N1\max} = \dfrac{F}{\sin\alpha}$，$F_{N2\max} = -F\cot\alpha$，$F_{s2\max} = -F$，$M_{2\max} = \dfrac{Fl}{4}$

【1-3类】计算题（求线应变、切应变）

[1-3-1] $\varepsilon_{CE} = 2.50\times10^{-3}$，$\varepsilon_{BD} = 1.071\times10^{-3}$

※[1-3-2] $\varepsilon_{AC} = \dfrac{\Delta l_1}{l_1}\cos^2\theta + \dfrac{\Delta l_2}{l_2}\sin^2\theta$

※[1-3-3] $\varepsilon_{AB} = 7.93\times10^{-3}$，$\gamma_A = 1.21\times10^{-3}\text{rad}$

第2章　轴向拉压与剪切（A分册）

【2-1类】选择题（一）

（1）C（2）D（3）C（4）D（5）A（6）C（7）C（8）B

（9）D（10）C（11）A（12）B（13）A（14）B（15）D

※【2-1类】选择题（二）

（1）B（2）B（3）B（4）C

【2-2类】计算题（求杆件指定截面的轴力或画轴力图）

[2-2-1] a）$F_{N1} = F$，$F_{N2} = 0$，$F_{N3} = -F$

b）$F_{N1} = 0$，$F_{N2} = 4F$，$F_{N3} = 3F$

c）$F_{N1} = 4\text{kN}$，$F_{N2} = -2\text{kN}$，$F_{N3} = -5\text{kN}$

d）$F_{N1} = -10\text{kN}$，$F_{N2} = 10\text{kN}$，$F_{N3} = 40\text{kN}$

※[2-2-2] 图略

【2-3类】计算题（应力计算、强度计算）

[2-3-1] $\sigma_1 = -175\text{MPa}$，$\sigma_2 = -350\text{MPa}$

[2-3-2] $\sigma_{0°} = 100\text{MPa}$，$\sigma_{45°} = 50\text{MPa}$，$\sigma_{90°} = 0$，$\tau_{0°} = 0$，$\tau_{45°}$

$= 50\text{MPa}$，$\tau_{90°} = 0$

※[2-3-3] $\alpha = 26.6°$，$F \leqslant 50\text{kN}$

[2-3-4] $[F] = \min\{F_i\} = 40.5\text{kN}$

※[2-3-5] $\theta = \arctan\sqrt{2} = 54.8°$

※[2-3-6] 杆 AC 选用两根80mm×8mm的等边角钢；杆 CD 选用两根75mm×6mm的等边角钢。

【2-4类】计算题（求杆件的变形或杆系结构指定节点的位移）

[2-4-1] $\sigma_{\max} = 127.4\text{MPa}$，$\Delta l = 0.573\text{mm}$

[2-4-2] $F_{N1} = F$，$F_{N2} = 0$，$\Delta_{By} = \dfrac{Fl}{EA}$，$\Delta_{Ay} = \sqrt{3}\dfrac{Fl}{EA}$

[2-4-3] $x = \dfrac{E_2 A_2 l_1 l}{E_1 A_1 l_2 + E_2 A_2 l_1}$

※[2-4-4] $\Delta_{Ay} = \dfrac{4F^2 l}{E_1^2 A^2} + \dfrac{Fl}{EA}$

※[2-4-5] $V_\varepsilon = 0.257\text{N}\cdot\text{m}$

【2-5类】计算题（求解简单超静定杆系，包括装配、温度应力）

【注】：书中凡标"※"为相对于少、中学时有一定难度的基本部分或专题部分内容；书中凡标"☆"属专题部分内容，主要供多、中学时选用。

[2-5-1]　$F_{NA}=\dfrac{7}{4}F, F_{NB}=\dfrac{5}{4}F$，图略

[2-5-2]　$F_{N1}=\dfrac{5}{6}F, F_{N2}=\dfrac{1}{3}F, F_{N3}=-\dfrac{1}{6}F$

※[2-5-3]　$F_{N1}=25.4\text{kN}, F_{N2}=8.05\text{kN}, F_{N3}=-34.7\text{kN}$

　　　　$\sigma_1=126.8\text{MPa}, \sigma_2=26.8\text{MPa}, \sigma_3=-86.7\text{MPa}$

[2-5-4]　$F_{N1}=30\text{kN}, F_{N2}=60\text{kN}, \sigma_1=30\text{MPa}, \sigma_2=60\text{MPa}$

[2-5-5]　$F_{N1}=\dfrac{\sqrt{3}}{3(3+\sqrt{3})}F, F_{N2}=\dfrac{2}{3(3+\sqrt{3})}F$,

　　　　$F_{N3}=\dfrac{(7+3\sqrt{3})}{3(3+\sqrt{3})}F$

　　　　$\Delta_{Ax}=\dfrac{Fl}{(3+\sqrt{3})EA}(\leftarrow), \Delta_{Ay}=\dfrac{(7+3\sqrt{3})F}{3(3+\sqrt{3})EA}(\downarrow)$

※[2-5-6]　$F_{NA}=85\text{kN}, F_{NB}=15\text{kN}$

※[2-5-7]　$\sigma_1=-35\text{MPa}, \sigma_2=70\text{MPa}, \sigma_3=-35\text{MPa}$

※[2-5-8]　$\sigma_{AC}=-\dfrac{2}{3}E\alpha\Delta T, \sigma_{BD}=\dfrac{1}{3}E\alpha\Delta T$

※[2-5-9]　$\sigma_1=30.3\text{MPa}, \sigma_2=-26.2\text{MPa}$

【2-6类】计算题（剪切和挤压的实用计算）

[2-6-1]　$l\geq0.2\text{m}, a\geq0.02\text{m}$

[2-6-2]　$\delta\geq57.7\text{mm}, l\geq123\text{mm}$

[2-6-3]　$[F]=212\text{kN}$

[2-6-4]　$d=14\text{mm}$

[2-6-5]　$\delta\geq80\text{mm}$

※[2-6-6]　$\tau=15.9\text{MPa}<[\tau]=60\text{MPa}$，剪切强度满足

※[2-6-7]　$\sigma_{bs}=134.6\text{MPa}<[\sigma_{bs}]=140\text{MPa}$，挤压强度满足

（单元2答案）

第3章　扭转（B分册）

【3-1类】选择题（一）

（1）C（2）A（3）A（4）D（5）D（6）C（7）B（8）A（9）D
（10）B（11）C（12）D（13）B（14）D（15）D（16）C

※【3-1类】选择题（二）

（1）D（2）C（3）D（4）C（5）B

【3-2类】计算题（外力偶矩的换算、求扭矩、绘制扭矩图）
略

【3-3类】计算题（应力计算、强度计算和求变形、刚度计算）

[3-3-1]（1）$\tau_A=20.4\text{MPa}, \gamma_A=2.55\times10^{-4}$

　　　（2）$\tau_{max}=40.8\text{MPa}, \varphi=1.17(^\circ)/\text{m}$

[3-3-2]　$P=18.5\text{kW}$

[3-3-3]　$W_{p1}=1.01\times10^{-4}\text{m}^3>W_{p2}=0.59\times10^{-4}\text{m}^3$

[3-3-4]（1）$\tau_{max}=46.5\text{MPa}$；（2）$P=76.3\text{kW}$

[3-3-5]　$M_e=\min\{M_e\}=39.3\text{kN}\cdot\text{m}$

[3-3-6]（1）$\tau_{max}=98.5\text{MPa}<[\tau]$满足强度要求

　　　$\varphi=1.86(^\circ)/\text{m}<[\varphi]$满足刚度要求

　　　（2）$D_1=\max\{D_{1i}\}=52.9\text{mm}$

[3-3-7]　$\mu=0.224$

[3-3-8]　$\tau_{max}=69.9\text{MPa}, \varphi_{AC}=0.0353\text{rad}=2.01^\circ$

[3-3-9]　$G=77.6\text{GPa}, \mu=0.289$

※[3-3-10]　$\dfrac{P_2}{P_1}=0.512; \dfrac{I_{p2}}{I_{p1}}=1.192$

※[3-3-11]　$\tau_{max}=65.58(\text{MPa})\quad V_\varepsilon=4.92\times10^8(\text{N}\cdot\text{m})$

※【3-4 类】计算题（扭转超静定问题）

τ_{1max} =109.2MPa ，τ_{2max} =54.6MPa

☆【3-5 类】计算题（非圆截面杆扭转）

[3-5-1] （1）τ_{max}=40.1MPa（2）τ_1=34.4MPa（3）φ=0.565(°)/m

[3-5-2] （1）闭口薄壁杆，M_e= 10.35kN・m（2）开口薄壁杆，

$M = 0.142$kN・m

[3-5-3] $\tau_{max} = 25$MPa;$\varphi = 3.59°$

第4章　平面图形的几何性质（B分册）

【4-1 类】选择题（一）

（1）D（2）B（3）D（4）A（5）C（6）D（7）C

※【4-1 类】选择题（二）

（1）A（2）C（3）A（4）B（5）C（6）C

【4-2 类】计算题（确定组合图形形心位置、一次矩的计算）

[4-2-1] a）$y_C = 56.7$mm b）$y_C = 65$mm

[4-2-2] $a = 1$cm

[4-2-3] a）$S_z = 2.4 \times 10^4$ mm³ b）$S_z = 4.225 \times 10^4$ mm³

c）$S_z = 5.2 \times 10^5$ mm³

【4-3 类】计算题（二次矩的计算）

[4-3-1] $I_{z1} = I_z + (b^2 - a^2)A$

[4-3-2] $I_{y2} = 1.17 \times 10^{-4}$ m⁴

[4-3-3] a）$I_z = 5.37 \times 10^7$ mm⁴ b）$I_z = 9.045 \times 10^7$ mm⁴

c）$I_z = 1.336 \times 10^{10}$ mm⁴

[4-3-4] $I_{zC} = 7.03 \times 10^{-5}$ m⁴　$I_{yC} = 2.04 \times 10^{-4}$ m⁴，$z_C = 99.6$mm

※[4-3-5] a）$I_{yz} = 7.75 \times 10^{-8}$ m⁴ b）$I_{yz} = \dfrac{R^4}{8}$

※[4-3-6] $\alpha_o = -13.5°$ 和76.5°，分别对应y_o,z_o轴

$I_{yo} = 76.1 \times 10^4$ mm⁴，$I_{zo} = 19.9 \times 10^4$ mm⁴

※[4-3-7] $I_y = 1.74 \times 10^4$ cm⁴，水平翼板$I_{yc} = 4.86$cm⁴，0.06%

※[4-3-8] $I_y = 1.101 \times 10^4$ cm⁴，$i_y = 12.86$cm

※[4-3-9] $y_C = 32.2$mm，$z_C = 32.2$mm，$\alpha_o = 45°$，

$I_{y'C} = 49.23 \times 10^5$ mm⁴，$I_{z'C} = 13.77 \times 10^5$ mm⁴。

（单元 3 答案）

第5章　弯曲内力（A分册）

【5-1 类】选择题（一）

（1）D（2）B（3）D（4）A（5）B（6）B（7）C（8）C

（9）A（10）C（11）C（12）C（13）C（14）D

※【5-1 类】选择题（二）

（1）B（2）D（3）D（4）B（5）A（6）A（7）A（8）B

（9）D

【5-2 类】计算题（求指定截面上的内力或写内力方程）

[5-2-1] a）$F_{s1} = 0, M_1 = -2$kN・m；$F_{s2} = -5$kN，$M_2 = -12$kN・m

b）$F_{s1} = 2$kN，$M_1 = 6$kN・m；$F_{s2} = -3$kN，$M_2 = 6$kN・m

c）$F_{s1} = 4$kN，$M_1 = 4$kN・m；$F_{s2} = 4$kN，$M_2 = -6$kN・m

d）$F_{s1} = -\dfrac{M_e}{4a}, M_1 = -\dfrac{M_e}{4}$；$F_{s1} = -\dfrac{M_e}{4a}, M_1 = -M_e$；$F_{s3} = 0, M_3 = -M_e$

[5-2-2] a）$F_s(x) = 45$kN，$(0 < x \leqslant 2)$，

$M(x) = (45x - 127.5)$kN・m，$(0 < x \leqslant 2)$

$F_s(x) = (75 - 15x)$kN，$(2 \leqslant x < 3)$，

$M(x) = \left(-157.5 + 75x - 7.5x^2\right)$kN・m，$(2 \leqslant x \leqslant 3)$

b）$F_s(x) = 0$，$(0 \leqslant x < 1)$，

$M(x) = -30$kN・m，$(0 < x \leqslant 1)$

$F_s(x) = 30$，$(1 < x < 2.5)$，

$M(x) = -30 + F(x-1) \text{kN} \cdot \text{m}, (1 \leqslant x \leqslant 2.5)$

$F_s(x) = -10, (2.5 < x < 4)$,

$M(x) = 10(4-x) \text{kN} \cdot \text{m}, (2.5 \leqslant x \leqslant 4)$

【5-3 类】计算题（写内力方程或利用微积分关系绘制内力图）

[5-3-1] 图略

[5-3-2] 图略

[5-3-3] 图略

※[5-3-4] 图略

【5-4 类】计算题（用叠加法、简捷方法绘制内力图）

[5-4-1] 图略

[5-4-2] 图略

[5-4-3] 图略

※【5-5 类】计算题（绘制刚架、连续梁的内力图）

[5-5-1] 图略

[5-5-2] 图略

（单元 4 答案）

第 6 章　弯曲应力（B 分册）

【6-1 类】选择题（一）

（1）C（2）D（3）C（4）A（5）B（6）C（7）B（8）C

（9）B（10）A（11）B（12）C（13）D（14）C（15）C

（16）D（17）C（18）D（19）D

※【6-1 类】选择题（二）

（1）B（2）A（3）D（4）A（5）D　（6）C（7）D（8）C

（9）A

【6-2 类】计算题（正应力强度条件与计算）

[6-2-1]　$[q] = 23.99 \text{kN}/\text{m}$

[6-2-2]　$F_1 / F_2 = h / b$

[6-2-3]　$F \leqslant 56.9 \text{kN}$

[6-2-4]　$\sigma_{\max} = 59.3 \text{MPa}$

[6-2-5]　$\sigma_{1\max} = 159.2 \text{MPa}, \sigma_{2\max} = 93.6 \text{MPa}, 41.2\%$

[6-2-6]　$\sigma_{t\max} = \max\{\sigma_t\} = 115.1 \text{MPa} > [\sigma_t] = 100 \text{MPa}$,

不满足强度要求

$\sigma_{c\max} = \max\{\sigma_c\} = 147.1 \text{MPa} < [\sigma_c] = 180 \text{MPa}$

[6-2-7]　$b = 510 \text{mm}$

[6-2-8]　$F = 47.4 \text{kN}$

[6-2-9]　$\Delta l = \dfrac{ql^3}{2Ebh^2}$

【6-3 类】计算题（切应力强度条件与计算）

[6-3-1]　（1）$F \leqslant 44.3 \text{kN}$　（2）$\tau_{\max} = 5.13 \text{MPa}$

[6-3-2]　$\tau_K = 8.7 \text{MPa}$

※【6-4 类】计算题（正应力和切应力两种强度条件与计算）

[6-4-1]　$\sigma_{\max} = 7.014 \text{MPa} < [\sigma]$

$\tau_{\max} = 0.475 \text{MPa} < [\tau]$，满足强度要求

[6-4-2]　$h : b = 3 : 2, h = 208 \text{mm}$

（单元 5 答案）

第 7 章　弯曲变形（A 分册）

【7-1 类】选择题

（1）B（2）D（3）D（4）B（5）D（6）D（7）C（8）A

（9）C（10）D（11）B（12）D（13）D

【7-2 类】计算题（积分法求挠度、转角）

[7-2-1]　a）2 段, 4 个, 约束条件：$w_A = 0, \theta_A = 0$;

连续条件：$w_{C\text{左}} = w_{C\text{右}}, \theta_{C\text{左}} = \theta_{C\text{右}}$

b）3段，6个，约束条件：$w_A = 0, w_B = 0$;

　　　连续条件：$w_{A左} = w_{A右}, \theta_{A左} = \theta_{A右}, w_{B左} = w_{B右}, \theta_{B左} = \theta_{B右}$

c）3段，6个，约束条件：$w_A = 0, \theta_A = 0, w_C = 0$,

　　　连续条件：$w_{B左} = w_{B右}, w_{C左} = w_{C右}, \theta_{C左} = \theta_{C右}$

d）1段，2个，边界条件：$w_A = 0, w_B = \Delta l_{BC}$

[7-2-2]　　$w_B = \dfrac{2Fl^3}{9EI}(\downarrow)$

[7-2-3]　　$w_A = \dfrac{ql^4}{24EI}, w_D = -\dfrac{ql^4}{384EI}, \theta_A = -\dfrac{5ql^3}{48EI}, \theta_B = -\dfrac{ql^3}{24EI}$

[7-2-4]　　$M_{eB} = 2M_{eA}$

【7-3 类】计算题（叠加法求挠度、转角、位移）

[7-3-1]　a）$w_B = \dfrac{2Fl^3}{9EI}(\downarrow)$　　b）$w_A = \dfrac{3Fl^3}{16EI}(\downarrow)$

　　c）$w_C = -\dfrac{Fl^3}{6EI}(\downarrow), \theta_B = -\dfrac{9Fl^2}{8EI}$ （↻）

　　d）$w_A = -\dfrac{Fa}{6EI}(3b^2 + 6ab + 2a^2)(\downarrow), \theta_B = \dfrac{Fa(2b+a)}{2EI}$ （↻）

　　e）$w_C = \dfrac{Fl^3}{48EI} + \dfrac{M_e l^2}{16EI}; \theta_A = \dfrac{Fl^2}{16EI} + \dfrac{M_e l}{6EI}$

※[7-3-2]　a）$w_C = \dfrac{5qa^4}{8EI}; \theta_C = \dfrac{19qa^3}{24EI}$

　　b）$w_A = \dfrac{Fa}{48EI}(3l^2 - 16al - 16a^2), \theta_A = \dfrac{F}{48EI}(24a^2 + 16al - 3l^2)$

　　c）$w_A = \dfrac{ql^2 a}{24EI}(5l + 6a)(\uparrow), \theta_A = -\dfrac{ql^2}{24EI}(5l + 12a)$ （↻）

　　d）$w_A = -\dfrac{5qa^4}{24EI}(\downarrow), \theta_A = -\dfrac{qa^3}{4EI}$ （↻）

　　e）$w_A = -\dfrac{qa}{24EI}(3a^3 + 4a^2 - l^3), \theta_A = -\dfrac{q}{24EI}(4a^3 + 4a^2l - l^3)$

※[7-3-3]　　$w_B = \dfrac{11qa^4}{24EI}$

※[7-3-4]　　$\delta_{Cx} = \dfrac{Fa^3}{2EI}; \delta_{Cy} = \dfrac{4Fa^3}{3EI} + \dfrac{Fa}{EA}$

※[7-3-5]　　$\Delta l = 2.29\text{mm}, \delta_{Dy} = 7.39\text{mm}$

【7-4 类】计算题（用变形比较法解简单超静定问题）

[7-4-1]　　$R_B = -\dfrac{3M_e}{4a}, M_A = \dfrac{1}{2}M_e$

[7-4-2]　（1）$F_{N1} = \dfrac{F}{5}, F_{N2} = \dfrac{2F}{5}$；（2）$F_{N1} = \dfrac{3ll + 2a^3 A}{15ll + 2a^3 A}F$,

　　　$F_{N2} = \dfrac{6ll}{15ll + 2a^3 A}F$

[7-4-3]　　377.3N

※[7-4-4]　　$F_N = 199.3\text{N}, F_{Ax} = 0$,

　　　$F_{Ay} = 108.7\text{N}, M_A = 67.4\text{N} \cdot \text{m}$

※[7-4-5]　　$\sigma_{max} = 109.1\text{MPa}, w_G = 8.1\text{mm}$

（单元6答案）

第8章　应力状态与强度理论（B分册）

【8-1 类】选择题（一）

（1）D（2）D（3）A（4）D（5）D（6）D（7）B（8）A

（9）D（10）A（11）D（12）C（13）C（14）C（15）D

（16）D（17）C（18）A（19）B（20）B

※**【8-1 类】选择题（二）**

（1）B（2）B（3）D（4）B（5）C（6）C（7）A（8）D

【8-2 类】计算题（截取构件内的指定点的单元体）

[8-2-1]　略

[8-2-2]　　$\sigma_\alpha = 0.16\text{MPa}, \tau_\alpha = -0.19\text{MPa}$

【8-3 类】计算题（平面、特殊空间应力状态的应力分析）

[8-3-1]　a）$\sigma_\alpha = -27.3\text{MPa}, \tau_\alpha = -27.3\text{MPa}$

b）$\sigma_\alpha = 52.3\text{MPa}, \tau_\alpha = -18.7\text{MPa}$

[8-3-2]　同[8-3-1]。

[8-3-3]

a）$\sigma_1 = 57\text{MPa}, \sigma_2 = 0, \sigma_3 = -7\text{MPa}, \alpha_0 = -19.33^\circ, \tau_{max} = 32\text{MPa}$

b）$\sigma_1 = 25\text{MPa}, \sigma_2 = 0, \sigma_3 = -25\text{MPa}, \alpha_0 = -45^\circ, \tau_{max} = 25\text{MPa}$

c）$\sigma_1 = 4.7\text{MPa}, \sigma_2 = 0, \sigma_3 = 84.7\text{MPa}, \alpha_0 = -13.3^\circ, \tau_{max} = 44.7\text{MPa}$

d）$\sigma_1 = 37\text{MPa}, \sigma_2 = 0, \sigma_3 = -27\text{MPa}, \alpha_0 = 19.33^\circ, \tau_{max} = 32\text{MPa}$

[8-3-4]　同[8-3-3]。

※[8-3-5]

$\sigma_1 = \sigma_0(1+\cos\theta), \sigma_2 = 0, \sigma_3 = \sigma_0(1-\cos\theta), \tau_{max} = \sigma_0\cos\theta$

[8-3-6]　$\sigma_1 = 107\text{ MPa}, \sigma_2 = 0, \sigma_3 = -20\text{ MPa}$

[8-3-7]　略。

※[8-3-8]　$\sigma_1 = 80\text{MPa}, \sigma_2 = 40\text{MPa}, \sigma_3 = 0$

[8-3-9]　$\sigma_y = 20\text{MPa}, \tau_{xy} = 34.6\text{MPa}$

[8-3-10]

$\sigma_1 = 52.17\text{MPa}, \sigma_2 = 50\text{MPa}, \sigma_3 = -42.17\text{MPa}, \tau_{max} = 47.14\text{MPa}$

※[8-3-11]　裂开的方向与 x 轴成顺时针60°。

※[8-3-12]　略

※[8-3-13]　$\sigma_x = \sigma_y, \tau_x = 0$

【8-4 类】计算题（广义胡克定律的应用）

[8-4-1]　$\sigma_1 = 53.75\text{MPa}, \sigma_2 = 0, \sigma_3 = -26.25\text{MPa}$

[8-4-2]　$M_e = \pi d^3 E\varepsilon_{45^\circ}/[16(1+\mu)]$

※[8-4-3]　$M_e = 58.5\text{kN}\cdot\text{m}$

[8-4-4]　$\sigma_1 = 0, \sigma_2 = -19.8\text{MPa}, \sigma_3 = -60\text{MPa},$

$\Delta l_x = 0, \Delta l_y = -7.64\times10^{-3}\text{mm}, \Delta l_z = 3.75\times10^{-3}\text{mm}$

[8-4-5]　$\mu = 0.27$

[8-4-6]　（1）$\varepsilon_x = 0, \varepsilon_{45^\circ} = \dfrac{\tau(1+\mu)}{E}, \gamma_{max} = \dfrac{2\tau(1+\mu)}{E}$

（2）$\Delta l_{AC} = 0.0105\text{cm}$

※[8-4-7]　$\Delta l_{AC} = l\cdot\varepsilon_{30^\circ} = 9.27\times10^{-3}\text{mm}$

※[8-4-8]　$\varepsilon_{AB} = \dfrac{F}{2bhE}(1-\mu), \varphi_{AB} = \dfrac{F}{2bhE}(1+\mu)$

※[8-4-9]　$F = 109\text{kN}, q = 82.2\text{kN/m}$

※[8-4-10]

a）$\theta = 0.26\times10^{-3}, e = 48.1\times10^3\text{J/m}^3, e_f = 42.5\times10^3\text{J/m}^3$

b）$\theta = 0.1\times10^{-3}, e = 22.5\times10^3\text{J/m}^3, e_f = 21.7\times10^3\text{J/m}^3$

c）$\theta = 0.12\times10^{-3}, e = 20.1\times10^3\text{J/m}^3, e_f = 18.9\times10^3\text{J/m}^3$

【8-5 类】计算题（强度理论的应用）

[8-5-1]

a）$\sigma_{r1}=90\text{Mpa}, \sigma_{r2}=93\text{Mpa}, \sigma_{r3}=100\text{MPa}, \sigma_{r4}=95.39\text{MPa}$

b）$\sigma_{r1}=10\text{MPa}, \sigma_{r2}=37\text{Mpa}, \sigma_{r3}=100\text{MPa}, \sigma_{r4}=95.39\text{MPa}$

[8-5-2]　$\sigma_{r1} = 24.3\text{MPa} < [\sigma_t], \sigma_{r2} = 26.6\text{MPa} < [\sigma_t]$ 都安全

[8-5-3]　$\sigma_{r3}/\sigma_{r4} = 2/\sqrt{3}$

※[8-5-4]　$\sigma_{max} = 106.4\text{MPa} < [\sigma], \tau_{max} = 98.7\text{MPa} < [\tau]$

$\sigma_{r3} = 168\text{MPa} > [\sigma]$（但在5%以内，是允许的）

$\sigma_{r4} = 152.4\text{MPa} < [\sigma_t]$，安全

※[8-5-5]　$\sigma_1 = 212\text{MPa}, \sigma_2 = 0, \sigma_3 = -32\text{MPa}, \alpha_0 = 38^\circ, -52^\circ,$

$\tau_{max} = 122\text{MPa}$,破坏面与主平面平行

※[8-5-6]　$F = 2.0\text{kN}, M_e = 2.0\text{N}\cdot\text{m}, \sigma_{r4} = 160\text{MPa} < [\sigma]$,安全

※[8-5-7]　a）52MPa　b）44 MPa　c）60.4 MPa

（单元 7 答案）

第 9 章　组合变形（A 分册）

【9-1 类】选择题（一）

（1）C（2）B（3）C（4）B（5）D（6）B（7）B（8）D

（9）B（10）C（11）D

※**【9-1 类】选择题（二）**

（1）B（2）D（3）D（4）C

【9-2 类】计算题（拉、压弯的组合变形）

[9-2-1]　$x = 1.795\text{m}, \sigma_{max} = 120.8\text{MPa} > [\sigma]$,

但在5%以内,故梁满足强度要求

[9-2-2]　$\sigma_{tmax} = 26.9\text{MPa} < [\sigma_t], \sigma_{cmax} = 32.3\text{MPa} < [\sigma_c]$强度满足

【9-3 类】计算题（偏心拉、压组合变形）

[9-3-1]　$\sigma_{amax} / \sigma_{bmax} = 4/3$

[9-3-2]　$e_{max} = b/6$

[9-3-3]　（1）$\sigma_{tmax} = 8F/a^2, \sigma_{cmax} = 4F/a^2$；（2）$\sigma_{tmax} / \sigma_t = 8$

[9-3-4]　$F = 18.38\text{kN}, \delta = 1.785\text{mm}$

[9-3-5]　$x = 5.2\text{mm}$

[9-3-6]　（1）$\sigma_{tmax} = \dfrac{7F}{bh}, \sigma_{cmax} = -\dfrac{5F}{bh}$；（2）$\Delta_{AB} = \dfrac{7Fl}{bhE}$

【9-4】计算题（圆轴的弯扭组合）

[9-4-1]　（1）$\sigma_{r4} = 16.8\text{MPa} < [\sigma]$，（2）$\delta_C = 0.306\text{cm}, \delta_D = 0.316\text{cm}$

※[9-4-2]　$d = 52\text{mm}$

[9-4-3]　$\delta = 2.68\text{mm}$

[9-4-4]　$\sigma_{r3} = \sqrt{(M_y^2 + M_z^2) + T^2} / W = 50.3\text{MPa} < [\sigma]$，安全

[9-4-5]　$\sigma_{r3} = \sqrt{M^2 + T^2} / W = 104\text{MPa} < [\sigma]$，安全

【9-5 类】计算题（斜弯曲及其他形式的组合变形）

[9-5-1]　（1）$\varphi = -25.5°$　（2）$\sigma_{xmax} = 9.83\text{MPa}$

※[9-5-2]　$\sigma_{xmax} = 153\text{MPa}$

[9-5-3]　$\sigma_A = -6\text{MPa}, \sigma_B = -1\text{MPa}, \sigma_C = 11\text{MPa}, \sigma_D = -6\text{MPa}$

※[9-5-4]　$\sigma_{max} = 12\text{MPa} \leq [\sigma], \dfrac{w_{max}}{l} = 0.0051 < \dfrac{[w]}{l}$, 满足强

度及刚度要求

[9-5-5]　$F = 155.4\text{N}$

※[9-5-6]　$\sigma_{dmax} = 0.02\text{MPa}, \tau_{dmax} = 0.043\text{MPa}$,

$f_{dmax} = 0.288\text{mm}$

（单元 8 答案）

第 10 章　压杆稳定（B 分册）

【10-1 类】选择题（一）

（1）D（2）C（3）A（4）D（5）C（6）D（7）A（8）A

（9）C（10）D（11）A（12）C（13）D（14）C（15）A

（16）D（17）B

※**【10-1 类】选择题（二）**

（1）B（2）D（3）C（4）A（5）B（6）C（7）D

【10-2 类】计算题（临界压力临界应力的计算）

[10-2-1]　$F_{cr} = 88.6\text{kN}$

[10-2-2]　$\sigma_{cr} = 195.0\text{MPa}$

[10-2-3]　（1）$\dfrac{l}{D} = 65, F_{cr} = 4.74 \times 10^7 D^2 \text{(N)}$；（2）$\dfrac{G_1}{G} = 2.35$

[10-2-4]　$F_{cr1}/F_{cr2} = 0.49$, $d_1/d_2 = 0.7$, 杆 2 稳定较好。

[10-2-5]　图略

※[10-2-6]　$F = \dfrac{5\pi^2 EI}{6l^2}$

【10-3 类】计算题（稳定性条件与计算，安全因数法）

[10-3-1]　$[D] = 30.54\text{mm}$

[10-3-2]　$F = 6.22\text{kN}, \sigma_{cr} = 65.95\text{(MPa)}$

[10-3-3]　$P_{cr}/P = 1.47 < n_{st}$，AB 杆稳定性不够。

[10-3-4]　$n_{st} = 2.16$

[10-3-5]　$Q_{cr} = 123.6\text{KN}$

[10-3-6]　$F = \min\{F_i\} = 74.6\text{kN}$

[10-3-7]　$l_{min} = 0.880\text{m} \leqslant l \leqslant l_{max} = 1.326\text{m}$

※[10-3-8]　$[F] = 15.5\text{kN}$

[10-3-9]　$[F] = 91.6\text{kN}$

[10-3-10]　$P_{cr}/P = 2.15 > n_{st}$，安全。

※[10-3-11]　$M_e = 50.5\text{kN} \cdot \text{m}$

※[10-3-12]　$[q] = 22\text{kN/m}$

※【10-4 类】计算题（稳定性条件与计算，折减系数法）

[10-4-1]　$\varphi = 0.4368, \sigma = \dfrac{N}{\varphi A} = 153.6\text{MPa} < [\sigma]$，稳定。

[10-4-2]　$[q] = 5.59\text{kN/m}$

[10-4-3]　$\lambda = 108, \varphi = 0.55$，$\sigma_{AB} = 75.4\text{MPa} < [\sigma]$，

　　　　　　AB 杆稳定。

(单元 9 答案)

☆ 第 11 章　能量法与超静定（A 分册）

☆【11-1 类】选择题（一）

（1）D（2）C（3）D（4）B（5）A　（6）B（7）A（8）A（9）D
（10）C（11）A（12）C（13）B（14）A（15）A（16）A
（17）C（18）B（19）B（20）D　（21）B（22）A

☆【11-1 类】选择题（二）

（1）C（2）C（3）B（4）A（5）B（6）A（7）D（8）B（9）D
（10）B（11）D（12）A（13）B（14）C（15）C（16）A
（17）B（18）C（19）D

【11-2 类】计算题（求杆件和结构的应变能）

[11-2-1]　a）$V_\varepsilon = \dfrac{7F^2 l}{8\pi E d^2}$　　b）$V_\varepsilon = \dfrac{14F^2 l}{3\pi E d^2}$

[11-2-2]　$V_\varepsilon = \dfrac{9.58 M_e^2 l}{\pi G d_1^4}$

[11-2-3]　a）$V_\varepsilon = \dfrac{F^2 l^3}{96EI}$　　b）$V_\varepsilon = \dfrac{17q^2 l^5}{15360EI}$，

　　　　　　c）$V_\varepsilon = \dfrac{3q^2 l^3}{20EI}$　　d）$V_\varepsilon = \dfrac{F^2 l^2}{16EI} + \dfrac{3F^2 l}{4EA}$

☆【11-3 类】计算题（求指定截面的变形或点的位移）

[11-3-1]　a）$w_A = \dfrac{Fa^3}{EI}$　　b）$\theta_A = \dfrac{4M_e a}{3EI}$

[11-3-2]　$w_A = \dfrac{ql^4}{2EI}(\downarrow), \theta_B = \dfrac{ql^3}{6EI}(\lrcorner)$

[11-3-3]　$w_C = \dfrac{Ml^2}{16EI}$，　$\theta_A = \dfrac{Ml}{6EI}$

[11-3-4]　a）$w_A = \dfrac{M_e l}{2EI}(l+2a)(\downarrow), w_C = \dfrac{M_e l^2}{2EI}(\downarrow), \theta_A = \dfrac{M_e l}{EI}$

　　　　　　b）$w_A = \dfrac{41ql^4}{384EI}(\downarrow), w_C = \dfrac{7ql^4}{192EI}(\downarrow), \theta_A = \dfrac{7ql^3}{48EI}$

[11-3-5]　$\Delta_{Dx} = 38Fl^3/3EI, \theta_D = 7Fl^2/EI$

[11-3-6]　$\theta_B = Fl^3/3EI$(顺时针)

[11-3-7]　$\Delta_{By} = 4Fl^3/81EI + 8Fl/9EA(\downarrow)$

[11-3-8]　$\Delta_{Fx} = \dfrac{38Fa^3}{3EI} + \dfrac{3Fl}{2EA}(\rightarrow)$

[11-3-9]　$\Delta_{Ax} = \dfrac{4Fa^3}{3EI} + \dfrac{M_e a^2}{EI}$，　$\Delta_{Ay} = \dfrac{Fa^3}{2EI} + \dfrac{M_e a^2}{2EI}$

[11-3-10]　由功的互等定理得：$F_1 f_{C2} = F_2 f_{B1}$

[11-3-11]　由功的互等定理得：$-Ff_C = -M_e\theta_A$,

$$f_C = M_e\theta_A / F = al/(6EI) \ (\uparrow)$$

[11-3-12]　3.375Fl/（EA）（→）

[11-3-13]　$\Delta_{Ay} = \left(\sqrt{2} + \dfrac{1}{2}\right)\dfrac{Ea}{EA}$

☆【11-4 类】计算题（求指定两截面的相对位移）

[11-4-1]　$\Delta_{AB} = \dfrac{Fh^2}{3EI}(2h+3a)(\rightarrow\leftarrow); \theta_{AB} = \dfrac{Fh}{EI}(h+a)$;

[11-4-2]　（1）$\Delta_{AE} = \dfrac{l^3}{24EA}(40F_2 - 3F_1)(\leftarrow\rightarrow)$;

　　　　（2）$F_1 : F_2 = 40 : 3$

[11-4-3]　$\Delta_{BD} = -\dfrac{\left(4+\sqrt{2}\right)Fl}{2EA}$

[11-4-4]　$\Delta_{AE} = -\dfrac{\left(2+\sqrt{2}\right)Fl}{3EA}$

[11-4-5]　$\Delta_{Ex} = \dfrac{2Fa^3}{3EI}$, $\theta_{BE} = \dfrac{Fa^2}{2EI}$

☆【11-5 类】计算题（能量法解超静定梁）

[11-5-1]　F_c=24.08KN

[11-5-2]　$M_A = \dfrac{1}{12}ql^2$ （↻） , $M_B = \dfrac{1}{12}ql^2$ （↻） ,

　　　　$F_A = F_B = \dfrac{1}{12}ql$ （↑）

[11-5-3]　$\Delta = \dfrac{7ql^4}{1152EI}$

[11-5-4]　$w_D = 5.05$mm

[11-5-5]　由反对称性：$|M|_{max} = \dfrac{M_e}{2}$, 位于力偶的两侧

☆【11-6 类】计算题（能量法求解超静定刚架）

[11-6-1]　$X = \dfrac{3}{32}F(\uparrow), F_B = X = \dfrac{3}{32}F(\uparrow)$

[11-6-2]　图略

[11-6-3]　图略

[11-6-4]　$F_{Cy} = \dfrac{3F}{14}, F_{Ay} = \dfrac{3F}{14}, F_{Ax} = F, M_A = \dfrac{11Fa}{14}$,

[11-6-5]　$F_{Cx} = \dfrac{3qa}{16}, F_{Ax} = \dfrac{3qa}{16}, F_{Ay} = \dfrac{qa}{2}, M_A = \dfrac{qa^2}{16}$

☆【11-7 类】计算题（能量法解超静定桁架、木行梁结构）

[11-7-1]　a）$F_{NAD} = F_{NBD} = \dfrac{F\cos^2\alpha}{1+2\cos^3\alpha}$ （拉），

　　　　　　$F_{NCD} = \dfrac{F}{1+2\cos^3\alpha}$ （拉）

　　　　b）$F_{NAD} = \dfrac{F}{2\sin\alpha}$ （拉）, $F_{NBD} = \dfrac{F}{2\sin\alpha}$ （压）, $F_{NCD} = 0$

[11-7-2]　1）$F_{NBC} = 1.2F$　2）$\Delta_{By} = \dfrac{8.53Fa}{EA}$

[11-7-3]　$F_{N1} = 5F/8$（拉）, $F_{N2} = 3F/8$（拉）

☆【11-8 类】计算题（能量法求解超静定连续梁）

[11-8-1]　图略

（单元 10 答案）

☆第 12 章　动载荷与交变应力（B分册）

☆【12-1 类】　选择题（一）

（1）B（2）B（3）A（4）D（5）D　（6）C（7）A（8）C
（9）C（10）C（11）C（12）B（13）D（14）B（15）B
（16）C（17）D（18）C（19）B

☆【12-2 类】　概念题与选择题（二）

（1）略（2）B（3）A（4）D（5）A（6）C（7）A（8）C

☆【12-3 类】　计算题（匀加速直线运动或匀角速转动动应力的计算）

[12-3-1]　$F_{\mathrm{Nd}}=\left(1+\dfrac{a}{g}\right)P,\ \sigma_{\mathrm{d}}=\left(1+\dfrac{a}{g}\right)\dfrac{P}{A},\ \Delta l_{\mathrm{d}}=\left(1+\dfrac{a}{g}\right)\dfrac{Pl}{EA}$

[12-3-2]　$\tau_{\mathrm{dmax}}=10\mathrm{MPa}$

[12-3-3]　$\sigma_{\mathrm{dmax}}=70.4\mathrm{MPa}$

☆【12-4 类】　计算题（铅垂冲击和水平冲击问题与超静定问题）

[12-4-1]　$\sigma_{\mathrm{d}}=\sqrt{\dfrac{40hPE}{\pi ld^2\left[3\left(\dfrac{d}{D}\right)^2+2\right]}}>\sigma_{\mathrm{d}}=\sqrt{\dfrac{8PhE}{\pi D^2 l}}$，

故 b 图所示杆件承受冲击能力强。

[12-4-2]　（1）$h\le 391\mathrm{mm}$；（2）$h\le 9.7\mathrm{mm}$

[12-4-3]　$\sigma_{\mathrm{d}}=162\mathrm{MPa}$

[12-4-4]　a）$\Delta_{\mathrm{st}}=\dfrac{Pl^3}{3EI}+\dfrac{P}{k}$　b）$\Delta_{\mathrm{st}}=\dfrac{Pl^3}{3EI}+\dfrac{4P}{k}$；$K_{\mathrm{da}}>K_{\mathrm{db}}$

[12-4-5]　$\sigma_{\mathrm{dmax}}=\dfrac{2Pl}{9W}\left(1+\sqrt{1+\dfrac{243EIh}{2Pl^3}}\right)$；

　　　　　$w_{\mathrm{d}}=\dfrac{23Pl^3}{1296EI}\left(1+\sqrt{1+\dfrac{243EIh}{2Pl^3}}\right)$

[12-4-6]　$w_{\mathrm{dmax}}=\left(1+\sqrt{1+\dfrac{64hEb^4}{Pl^3}}\right)\dfrac{3Pl^3}{64Eb}$

[12-4-7]　$\sigma_{\mathrm{dmax}}=\left(1+\sqrt{1+\dfrac{3hEI}{2Pl^3}}\right)\dfrac{Pl}{W}$

[12-4-8]　$\left(K_{\mathrm{d}}=\sqrt{\dfrac{v^2}{g\Delta_{\mathrm{st}}}},\ \Delta_{\mathrm{st}}=\dfrac{64Ph^2(a+h/3)}{\pi d^4 E}\right)\sigma_{\mathrm{d}}=K_{\mathrm{d}}\dfrac{32Ph}{\pi d^3}$

[12-4-9]　$v_0=\dfrac{2}{5l}\sqrt{\dfrac{3EI}{ml}}\Delta$

[12-4-10]　略

☆【12-5 类】　计算题（其他冲击问题、冲击超静定问题）

[12-5-1]　$\sigma_{\mathrm{dmax}}=\left(1+\sqrt{1+\dfrac{48EI(v^2+gl)}{gPl^3}}\right)\dfrac{Pl}{4W}$

[12-5-2]　$K_{\mathrm{d}}=1+\sqrt{1+\dfrac{2\pi EGhd^4}{64Pa^3(3G+E)}}$，

　　　　　$\sigma_{\mathrm{r3}}=\left(1+\sqrt{1+\dfrac{2\pi EGhd^4}{64Pa^3(3G+E)}}\right)\dfrac{32\sqrt{5}Pa}{\pi d^3}$

[12-5-3]　$K_{\mathrm{d}}=8.04$，对于梁：$\sigma_{\mathrm{dmax}}=160.8\mathrm{MPa}<[\sigma]$；

　　　　　对于柱：$\sigma_{\mathrm{dmax}}=1.40\mathrm{MPa}<[\sigma]$；

　　　　　故结构能正常工作。（没考虑稳定性校核）

[12-5-4]　$w_B=0.304\mathrm{mm}$，且不会失稳。

☆【12-6 类】　计算题（求横截面上一点的应力循环）

　　a）$r=1$，b）$r=-1$

☆【12-7 类】　计算题（求循环特征、平均应力和应力幅）

[12-7-1]　$\sigma_{\mathrm{m}}=200\mathrm{MPa},\ \sigma_{\mathrm{a}}=100\mathrm{MPa},\ r=0.333$

[12-7-2]　$\sigma_{\mathrm{max}}=-\sigma_{\mathrm{min}}=75.5\mathrm{MPa},\ \sigma_{\mathrm{m}}=0$，

　　　　　$\sigma_{\mathrm{a}}=75.5\mathrm{MPa},\ r=-1$

☆【12-8 类】　计算题（校核疲劳强度）

[12-8-1]　$n_{\sigma\tau}=1.92$

[12-8-2]　$n_{\sigma}=2.04>n=2$，安全。

（模拟试题参考答案）

试题 1（少学时）

一、选择题（每小题 5 分，共 3 小题、15 分）

1-1、A　1-2、B　1-3、D

二、填空题（每小题 5 分，共 3 小题、15 分）

2-1、CD, BC

2-2、$I_{zC} = I_z - Aa^2$

2-3、$w_A = \dfrac{5Fl^3}{6EI}$

三、计算题（共 5 小题、70 分）

3-1、$\sigma_{max} = 127.4\text{MPa}, \Delta l = 0.573\text{mm}$

3-2、$\tau = 113.2\text{MPa} < [\tau], \sigma_{bs} = 133.3\text{MPa} < [\sigma_{bs}]$ 剪切强度、挤压强度均足够

3-3、$F_B = 20\text{kN}, F_C = 40\text{kN}$，剪力图、弯矩图略

3-4、$F_1 / F_2 = h / b$

3-5、$l_{min} = 0.308\text{m} \leqslant l \leqslant l_{max} = 0.464\text{m}$

试题 2（中学时）

一、选择题（每小题 5 分，共 3 小题、15 分）

1-1、D

1-2、C

1-3、A

二、填空题（每小题 5 分，共 3 小题、15 分）

2-1、$\alpha = 0.8$

2-2、$I_z - (a^2 - b^2)A$

2-3、[B]图

三、计算题（共 6 小题、70 分）

3-1、$F = 20.02\text{kN}, \sigma = 15.9\text{MPa}$

3-2、$F_B = 3qa/2, F_C = 3qa/2$，剪力图、弯矩图略

3-3、$F_1 / F_2 = h / b$，$w_a / w_b = h^3 / b^3$

3-4、$\sigma_1 = 52.17\text{MPa}, \sigma_2 = 0\text{MPa}$,

$\sigma_3 = -42.17\text{MPa}, \tau_{max} = 47.14\text{MPa}$

3-5、$\Delta l = Fl / EA + Fhl / 2WE$，$W = bh^2 / 6$

3-6、$\lambda = 80.8$，$F_{cr} / F = 2.68 > n_{st}$，稳定

试题 3（多学时）

一、选择题（每小题 5 分，共 3 小题、15 分）

1-1、D

1-2、D

1-3、D

二、填空题（每小题 5 分，共 3 小题、15 分）

2-1、$\Delta l_1 \sin \alpha_2 = 2\Delta l_2 \sin \alpha_1$

2-2、1 和 3

2-3、$\dfrac{U(F, F_B)}{\partial F_B} = 0$

三、计算题（共 7 小题、70 分）

3-1、$F_B = 3qa/2, F_C = 9qa/2$，剪力图、弯矩图略

3-2、$x = 1.035\text{m}; q_{max} = 27.2\text{kN/m}$

3-3、图略

3-4、$\sigma_1 = 37\text{MPa}, \sigma_2 = 20, \sigma_3 = -27\text{MPa}$,

$\alpha_0 = 19.33^\circ, \tau_{max} = 32\text{MPa}$

3-5、$\sigma_1 = 16.7\text{MPa}$；$(\sigma_{II})_{tmax} = 66.7\text{MPa}, (\sigma_{II})_{cmax} = 33.3\text{MPa}$

3-6、$\sigma_d = \dfrac{Pl}{2W} \sqrt{\dfrac{6EIv^2}{gPl^3}}$

3-7、$[F] = \sqrt{2}\pi^2 EI / 3a^2$

试题 4（考研）

（西南交通大学 2010 年材料力学考研试题）

一、选择题（每小题 3 分，共 5 小题、15 分）

1-1、B

1-2、B

1-3、A

1-4、C

1-5、D

二、填空题（每小题 3 分，共 5 小题、15 分）

2-1、0.6mm（←）

2-2、$\sqrt[3]{1-\alpha^4}$

2-3、$\pm\dfrac{24}{EI}$

2-4、0

2-5、2

三、计算题（共 8 小题、120 分）

3-1、1）$F_R\cos30°-F_{NAC}=0, F_{NAB}-F_R\sin30°=0$

2）$\Delta l_{AC}=\Delta l_{AB}\tan30°$

3-2、$\tau_A=\dfrac{G\phi d}{2l}=41.9\text{MPa}, \tau_B=\dfrac{\tau_A}{2}=20.9\text{MPa}$

3-3、$F_C=2qa, F_B=qa$，剪力图、弯矩图略

3-4、$\sigma_{\max}=\dfrac{M_{\max}}{W_z}=\dfrac{ql^2}{8W_z}, \tau_{\max}=\dfrac{F_{s\max}S_{z\max}^*}{bI_z}=\dfrac{qlS_{z\max}^*}{2bI_z}$

3-5、$F=\dfrac{E\pi d^2}{8(11-9\nu)}\varepsilon_{45°}$

3-6、$\sigma_{r4}=\dfrac{602F}{\pi d^2}$

3-7、$\tan\alpha=\dfrac{\sqrt{2}}{2}$时，$F_{\max}=\dfrac{\pi^2 EI}{6a^2}\sin\alpha\cos^2\alpha$

3-8、$\theta_A=\dfrac{5Fl^2}{4EI}$

参 考 文 献

[1] 孙训方，方孝淑，关来泰. 材料力学(I、II) [M]. 北京：高等教育出版社，
     2009.

[2] 刘鸿文. 简明材料力学[M]. 北京：高等教育出版社，2008.

[3] 古滨. 材料力学[M]. 北京：北京理工大学出版社，2012.

[4] 刘剑波，沈建. 材料力学基本训练[M]. 北京：科学出版社，2003.

[5] 武建华，郑辉中，古滨. 材料力学[M]. 重庆：重庆大学出版社，2002.

[6] 苟文选. 材料力学教与学[M]. 北京：高等教育出版社，2007.

[7] 李志君，许留旺. 材料力学思维训练题集[M]. 北京：中国铁道出版社，2000.

[8] 西南交通大学材料力学教研室. 材料力学学习及考研指导书[M]. 成都：西南
     交通大学出版社，2004.

[9] 苟文选，王安强. 材料力学解题方法与技巧[M]. 北京：科学出版社，2007.

[10] 江苏省力学学会教育科普委员会. 理论力学材料力学考研与竞赛试题精解
      [M]. 山东：中国矿业大学出版社，2006.